TRAVAUX

DE

NAVIGATION ET DE CHEMINS DE FER

RECUEIL

D'APPAREILS A VAPEUR

EMPLOYÉS

AUX TRAVAUX DE NAVIGATION ET DE CHEMINS DE FER

PAR A. CASTOR

CHEVALIER DE LA LÉGION D'HONNEUR, MEMBRE DE LA SOCIÉTÉ DES INGÉNIEURS CIVILS
ET DE LA SOCIÉTÉ D'ENCOURAGEMENT POUR L'INDUSTRIE NATIONALE
ENTREPRENEUR DE TRAVAUX PUBLICS

Précédé d'un Rapport sur les travaux de fondation du pont du Rhin
présenté à la Société d'Encouragement pour l'industrie nationale, par M. Baude
Inspecteur général des Ponts et Chaussées
Membre du Conseil de cette Société

PARIS

TYPOGRAPHIE DE FIRMIN DIDOT FRÈRES, FILS ET Cie

IMPRIMEURS DE L'INSTITUT, RUE JACOB, 56

1860

1861

TRAVAUX

DE

NAVIGATION ET DE CHEMINS DE FER

IMPRIMERIE DE W. REMQUET, GOUPY ET Cie,
rue Garancière, 5.

PUBLICATIONS INDUSTRIELLES DE E. LACROIX

TRAVAUX

DE

NAVIGATION ET DE CHEMINS DE FER

RECUEIL

D'APPAREILS A VAPEUR

EMPLOYÉS

DANS CES CONSTRUCTIONS

PAR A. CASTOR

CHEVALIER DE LA LÉGION D'HONNEUR, MEMBRE DE LA SOCIÉTÉ DES INGÉNIEURS CIVILS
ET DE LA SOCIÉTÉ D'ENCOURAGEMENT POUR L'INDUSTRIE NATIONALE
ENTREPRENEUR DE TRAVAUX PUBLICS

Précédé d'un rapport sur les travaux de fondation du pont du Rhin
présenté à la Société d'Encouragement pour l'industrie nationale, par M. Baude
Inspecteur général des Ponts et Chaussées
Membre du Conseil de cette Société

PARIS

LIBRAIRIE SCIENTIFIQUE, INDUSTRIELLE ET AGRICOLE

E. LACROIX

15, QUAI MALAQUAIS, 15

TYPOGRAPHIE DE FIRMIN DIDOT FRÈRES, FILS ET Cie.

1864

RAPPORT

SUR LES TRAVAUX DE FONDATION DU PONT DU RHIN

PRÉSENTÉ

A LA SOCIÉTÉ D'ENCOURAGEMENT POUR L'INDUSTRIE NATIONALE

PAR M. BAUDE

INSPECTEUR GÉNÉRAL DES PONTS ET CHAUSSÉES
MEMBRE DU CONSEIL DE CETTE SOCIÉTÉ

Messieurs, les fondations du pont du Rhin, entre Strasbourg et Kehl, pour lier le chemin de l'Est français aux chemins de fer de l'Allemagne et continuer, sans interruption, la grande ligne directe de Paris à Vienne, ont excité, par la nouveauté des moyens employés, un grand intérêt chez tous ceux qui s'occupent de la science des constructions. L'un des entrepreneurs de ces travaux, si habilement dirigés par M. Fleur Saint-Denis, ingénieur des ponts et chaussées, vous soumet aujourd'hui une série de planches qui donnent les détails les plus exacts et les plus complets sur les opérations qui ont amené les piles à 20 mètres de profondeur au-dessous des basses eaux du fleuve : vous connaissez déjà M. Castor par les récompenses que vous lui avez décernées. C'est un de ces hommes actifs, intelligents, progressifs, mettant à la disposition des ingénieurs, avec lesquels ils travaillent, un matériel perfectionné et répondant toujours aux besoins des grands chantiers qu'ils organisent. L'examen de ces dessins sera pour nous une occasion de compléter les détails verbaux que nous avons déjà eu l'occasion de vous présenter au

sujet des travaux du pont du Rhin, et de rappeler, sur les fondations
par l'air comprimé, quelques précédents qu'on ne saurait omettre sans
une sorte d'ingratitude.

La pénétration d'un sol mouillé à de grandes profondeurs, au moyen
de la compression de l'air, nous le rappelons avec plaisir, est un procédé
tout français, dont l'invention et l'application premières sont dues à
M. Triger, savant géologue, bien connu d'une Société voisine et amie qui
a tant fait pour la propagation d'une science nouvellement créée et devenue aujourd'hui presque populaire.

Papin, dans un mémoire qui remonte à 1691, sur la manière de con-
server la flamme sous l'eau, avait bien pensé que l'on *pourrait bâtir sous
l'eau* au moyen d'une cloche, en se servant d'une pompe à presser l'air ;
mais il y a loin de cette simple énonciation au procédé pratique de
M. Triger, que tous les ingénieurs considèrent avec raison comme le
véritable inventeur du système de fondation à air comprimé.

C'est en 1840 que M. Triger, voulant atteindre au pied du coteau de la
Loire dit de la *Haye-Longue*, les terrains anthraxifères qui se découvrent
sous une alluvion de 20 mètres d'épaisseur, eut l'idée de creuser des puits en
refoulant les eaux, au lieu de les épuiser. On avait constaté sous le lit de
la Loire la prolongation de couches de houilles exploitées près du coteau.
C'est dans le lit même du fleuve que M. Triger fit enfoncer à coups de
mouton, d'un poids de 2,000 kil., un cylindre en tôle de $1^m,80$ de diamètre. Le couvercle de ce cylindre était traversé par deux tubes, l'un
qui refoulait de l'air au moyen d'une pompe ; l'autre, en communication
avec l'air extérieur, recevait l'eau qui ne pouvait s'écouler par les ouvertures du fond, au contact imparfait du tube et du terrain solide.

Pour introduire les ouvriers, M. Triger avait placé deux couvercles, à
distance, sur le haut du tube, de manière à former un vestibule d'entrée.
C'était une sorte d'écluse à air ou un milieu variable qui se mettait en
équilibre soit avec l'air extérieur, soit avec l'air comprimé du tube.

Ces couvercles étaient percés de trous d'homme pour donner passage
aux ouvriers et aux matériaux d'extraction, et traversés de robinets pour
équilibrer les pressions de l'air, suivant qu'on voulait entrer ou sortir par
la chambre intermédiaire.

Les méthodes de M. Triger pour foncer les puits de Chalonnes, sur la
Loire, ont été employées dans un grand nombre de circonstances pour
des fondations de ponts, au moyen de colonnes de maçonnerie coulées
dans des tubes de $2^m,50$ à 3 mètres de diamètre. A Rochester en Angle-
terre, sur la Theiss en Autriche, à Mâcon, à Lyon, et tout récemment à

Bordeaux pour le viaduc de jonction du chemin de fer d'Orléans avec celui du Midi, ce système de fondation a été mis en usage. Mais on conçoit qu'on ne pouvait asseoir le corps des piles ou des culées que sur des colonnes plus ou moins rapprochées : si la surface de fondation devait augmenter, les écluses à air ne devaient plus suffire à l'enlèvement des déblais, et dès lors on semblait devoir renoncer à ce mode de fondation.

Le lit du Rhin, aux abords de Kehl, est formé d'un fond de gravier mobile presque indéfini. Ce gravier se déplace à chaque crue, et l'on a reconnu que ces graviers, dans les grandes crues du fleuve, s'affouillent quelquefois jusqu'à des profondeurs de 14 à 15 mètres au-dessous de l'étiage, alors qu'ils l'affleuraient presque quelques semaines auparavant.

Dans un pareil terrain, on enfonce difficilement des pieux; les épuisements sont impossibles, et les larges empâtements qu'on peut asseoir sur le gravier ne rassurent pas toujours contre toute chance d'affouillement. M. Saint-Denis, ingénieur des ponts et chaussées, attaché à la Compagnie du chemin de fer de l'Est, a eu alors l'heureuse idée de substituer aux tubes une caisse en tôle, ou plusieurs caisses liées entre elles et en communication, sur lesquelles la maçonnerie pouvait s'élever au fur et à mesure de leur enfoncement, et à sortir les déblais du fleuve, non plus par des écluses à air, mais par un tube qui, plongeant dans l'eau refoulée, reparaissait à la surface, comme le tube de dégagement dont nous avons parlé pour le puits de Chalonnes. Dans ce tube, assez large pour y placer une noria, les déblais poussés dans le trou où plongeaient successivement les godets de la noria, reparaissaient à la surface après avoir traversé la colonne d'eau.

Cette idée ingénieuse de l'extraction directe des déblais a résolu le problème de l'application de l'air comprimé à la fondation par larges surfaces et par grandes masses de maçonnerie.

Supposez donc trois caisses sans fond en tôle, avec couvercles percés de trois trous surmontés de trois cheminées : sur deux d'entre elles sont montées des écluses à air pour le service des ouvriers : dans la troisième se meut une noria qui remonte les matériaux d'extraction. Une machine à vapeur extérieure refoule l'air dans la caisse; une seconde machine met en mouvement la noria, dont les godets versent dans un bateau le gravier qu'ils ont recueilli. Le caisson est suspendu à des verrins qui le font descendre peu à peu sous la pression de la maçonnerie, dont le poids contre-balance au delà la sous-pression qui tendrait à soulever le caisson.

Quand on a atteint le fond où l'on doit s'arrêter, on maçonne l'intérieur du caisson, on enlève les cheminées qu'on remplit avec de la maçonnerie, et l'on a ainsi une base de pile compacte, maçonnerie et tôle, unies pour la durée des siècles.

Nous rappellerons, avant d'entrer dans quelques détails sur les travaux des fondations des piles, que le pont du chemin de fer sur le Rhin est situé à 100 mètres environ à l'aval du pont de bateaux.

Il se compose de quatre piles, en rivière, séparées entre elles par un espace de 56 mètres. Au delà des deux piles extrêmes se trouvent deux travées, de 26 mètres chacune, occupées par deux ponts tournants, de telle sorte que le débouché des eaux du Rhin est de 220 mètres.

La longueur totale entre les parements des culées de rive est de 235 mètres et de 309 mètres entre les terre-pleins qui forment les extrémités du pont. Seules, les quatre piles sont fondées par l'emploi de l'air comprimé.

Quant aux culées, après avoir dragué plusieurs milliers de mètres cubes de gravier, on a fait glisser dans chaque excavation un immense caisson pouvant contenir chacun tout le béton de la fondation. Le béton est coulé dans l'eau.

La superstructure du pont se compose de trois fermes en treillis de 6 mètres de hauteur, entre lesquelles seront placées les deux voies de fer. Ces fermes, de 180 mètres de longueur entre les deux piles-culées, seront assemblées sur un chantier voisin et amenées en place au moyen de rouleaux et d'une série de treuils. On aura à remuer ainsi 2,000,000 de kilog. de tôle.

Pont de service. — Avant de commencer les fondations des piles, on a dû relier entre elles les deux rives du Rhin par un pont de service en charpente. Les fermes en treillis qui en forment les pièces principales reposent sur des pieux de sapins enfoncés en rivière, et elles portent deux voies de services qui sont traversées perpendiculairement, au moyen de plaques tournantes, par d'autres voies qui enveloppent les piles et qui reposent sur leurs échafaudages.

Le premier plancher de l'échafaudage au niveau des voies est doublé d'un second plancher à 4m,40 en contre-bas, communiquant par un escalier; cette plate-forme inférieure est d'un grand secours pour toutes les manœuvres que comporte l'exécution du bétonnage des piles.

Ces installations une fois préparées, le travail de fondation des quatre piles, commencé dans le cours de février 1859, était entièrement terminé à la fin de décembre de la même année.

Caissons en tôle. — Les caissons en tôle où se refoulait l'air avaient 7 mètres de largeur sur 5 mètres de longueur et $3^m,40$ de hauteur : on en accolait quatre pour les piles-culées et trois seulement pour les piles en rivière ; bien que les unes soient moins épaisses que les autres, on n'a pas jugé nécessaire de changer, pour les plus étroites, les dimensions des caissons. Toutes les pièces de tôle étaient assemblées sur le plancher inférieur des échafaudages.

Ensuite on juxtaposait les caissons d'une même pile, en les mettant en contact par leur face de 7 mètres de largeur. Ils étaient naturéllement ouverts dans leur partie inférieure ; toutefois les parois verticales en contact avec le gravier étaient armées d'une forte plate-bande en fer. Comme nous l'avons déjà indiqué, la paroi supérieure horizontale portait trois ouvertures. Les caissons d'une même pile étaient d'ailleurs fortement reliés entre eux par des boulons ; on enlevait ensuite le plancher qui les supportait, et on les descendait à l'aide de verrins.

Un système nouveau comme celui que nous décrivons, exécuté sur une aussi immense échelle, est toujours longuement et vivement discuté par les ingénieurs qui prennent une part directe ou indirecte à l'ensemble des travaux. L'opinion qui avait prévalu, contrairement, nous le croyons, à celle de l'ingénieur dont la responsabilité était la plus fortement engagée, était qu'il fallait diviser le travail : qu'un seul caisson, par exemple, de 28 mètres de longueur, sur la largeur uniforme de 5 mètres, était difficile, sinon impossible, à manœuvrer ; qu'on pourrait plus facilement rectifier, avec quatre caissons indépendants, les déplacements verticaux ou latéraux que des obstacles imprévus pourraient occasionner dans la descente. Les systèmes préconçus sont exclusifs de leur nature, et la séparation était devenue, pour ainsi dire, une question internationale résolue d'ailleurs d'un commun accord.

Mais l'expérience a fait justice de ces théories, et on a été conduit, à peu près à l'insu de chacun, à faire que les quatre caissons équivalaient à un seul, tant la liaison était solide, tant les ouvertures des parois juxtaposées étaient larges pour communiquer d'un caisson à l'autre : de telle sorte que les parois de séparation se sont transformées en véritables armatures, s'ajoutant à celles qui étaient propres à chaque caisson.

On conçoit, en effet, que les frottements qui pouvaient tendre au déplacement étaient beaucoup plus facilement vaincus sous cette énorme masse compacte que par quatre corps indépendants qui auraient conservé pour eux seuls leur résistance propre. Il faut donc bien l'avouer, chaque pile n'a été fondée qu'à l'aide d'un seul et immense caisson.

Nous avons sous les yeux les attachements journaliers des travaux du fonçage, et nous relèverons quelques faits qui ne sont pas dénués d'intérêt.

Pile-culée de la rive française. — L'organisation du travail pour le refoulement de l'air était complète le 22 mars 1859.

Au 27 mars, la cote du dessous du caisson, en contre-bas des basses eaux du Rhin, en 1858, était. . . . . , ...	5^m,50
L'enfoncement du caisson, dans la journée de 24 heures, avait été de	0 ,45
L'enfoncement total dans le gravier était, en moyenne, de. . . .	3 ,59
Les eaux du Rhin, au-dessus de l'étiage, marquaient.	1 ,25
La hauteur d'immersion du caisson était de.	6 ,55
La sous-pression tendant à faire relever la cloche.	1,017,215 kil.
La hauteur de la maçonnerie montée.	5^m,26
Son cube 654 mètres, et son poids à 2,400 par mètre cube. . . . . {	1,569,600 kil.
La surcharge du fer et du bois.	250,000
	1,819,600 kil.
Différence en plus.	802,385

qui était équilibrée par le frottement du caisson sur les parois de gravier et par la résistance des seize verrins de manœuvre.

On s'est aperçu alors que la poussée du sable faisait infléchir, en les faisant bomber intérieurement, les angles de divers caissons; ils ont été plusieurs fois consolidés dans le cours du travail.

Le 13 mai, lorsqu'on était descendu à 15^m,41 en contre-bas de l'étiage et que l'on avait 17^m,51 d'immersion, une chaîne de la drague s'est cassée.

Le 28 mai, après 68 jours de travail, on est arrivé à la cote 20,06 en contre-bas de l'étiage, ayant dragué une profondeur de gravier de 18^m,37 sans autres accidents que ceux que nous venons de signaler.

Après avoir creusé une hauteur de 6 mètres, on a rencontré, au lieu de gravier, de la marne argileuse mêlée de fascines très-difficiles à couper et à piocher. Cette circonstance, résultant d'anciens affouillements, a un peu retardé le travail.

En somme, le travail des machines soufflantes a duré 850 heures à la pile-culée française. On a retiré 4,870 mètres cubes de graviers, ce qui correspond, en moyenne, à un cube de 5^m,72 par heure de travail.

A cette pile, la maçonnerie était construite dans des caissons en charpente qui surmontaient la tôle. On s'est dispensé de cette précaution inutile pour les trois autres piles, en se bornant à placer extérieurement des moellons grossièrement taillés.

Pile-culée badoise. — Le travail préparatoire du dragage de la pile a commencé le 28 juillet, et on en a extrait 356^{m3},86, sans avoir recours à l'air comprimé.

Le 9 août, le travail des machines soufflantes a commencé. Le 14 septembre, on était descendu à 20 mètres en contre-bas de l'étiage, ayant dragué sur une profondeur de 14^m,72. Le cube du gravier extrait a été de 4,525 mètres, y compris le cube précédent. On a travaillé 342 heures, ce qui donne environ 13 mètres cubes d'extraction par heure de travail. On peut juger déjà, par ce cube croissant par rapport à celui de la première pile, que les bonnes habitudes étaient prises dans l'organisation du chantier.

Le gravier a été très-pur jusqu'à la profondeur de 14^m,50 en contrebas de l'étiage : sur les 3 mètres au delà, il a été entremêlé de marne très-compacte. A partir de 17^m,50, on a rencontré un sable fin qui rendait le dragage beaucoup plus facile.

Pile en rivière française. — Après un travail préparatoire de trois jours, le dragage dans les caissons, avec air refoulé, a commencé le 17 octobre 1859. On était parvenu à 20^m,05 sous l'étiage, avec un enfoncement dans le gravier de 17^m,60 le 16 novembre. On a trouvé deux pieux couchés dans le gravier, qu'il a fallu scier en plusieurs morceaux pour les sortir des caissons. A raison d'une crue du Rhin de 4 mètres au-dessus de l'étiage et de différentes circonstances, on a travaillé 264 heures pour extraire 3,836 mètres cubes de graviers ; c'est près de 15 mètres cubes par heure.

Pile en rivière badoise. — Lorsqu'on a descendu les caissons, la profondeur de l'eau était supérieure à la hauteur de ceux-ci : on a construit un batardeau en maçonnerie sur la partie supérieure des caissons eux-mêmes, pour qu'elle ne fût point inondée. Le batardeau avait 2^m,20 de hauteur sur 1 mètre de largeur.

Au 26 novembre, premier jour de travail à l'air refoulé, la profondeur d'immersion était de 4^m,34, l'eau étant à 1^m,14 au dessus de l'étiage.

Le sol se trouvait beaucoup plus élevé dans le lit du Rhin du côté de la rive française, et le caisson poussé a légèrement dévié de la verticale ; pour le ramener, on a versé du gravier du côté de la rive badoise.

Le 24 décembre, on avait atteint la cote de 20 mètres au-dessus de l'étiage, et la fondation proprement dite s'est trouvée achevée.

Il s'est produit, ce même jour, un effet de refoulement qui a fait croire un instant à un accident grave. Le caisson étant à fond, on avait fait une espèce de bourrelet en béton sur une partie du pourtour des caissons. Comme il y a eu alors une sur-pression produite par les machines soufflantes, l'air s'est échappé avec violence par le tuyau de dégagement des matériaux ; les lumières se sont éteintes, les ouvriers se sont précipités vers les échelles, et, après quelques minutes d'angoisse, on en a été quitte pour la peur.

On n'a eu ainsi à déplorer dans ces travaux, sur un aussi vaste atelier, la perte d'aucun homme.

Nous bornerons ici cet exposé des travaux de fondation du pont du Rhin. Les belles planches, au nombre de six, gravées par les soins de M. Castor, font apprécier tous les détails de ce grand travail où tant de méthodes nouvelles, couronnées par un plein succès, ont excité l'attention des constructeurs de toutes les parties de l'Europe.

M. Castor, avec la modestie qui caractérise les hommes de sa valeur, reconnaît tout ce qu'il doit aux ingénieurs distingués qui ont dirigé les travaux du pont du Rhin, MM. Vuignier et Fleur Saint-Denis : il les a secondés avec un zèle et une intelligence dont vous démêlerez facilement les traces dans le travail qui vous est soumis. En conséquence, Messieurs, nous vous proposons de remercier M. Castor de son intéressante communication et de faire insérer le présent rapport dans le *Bulletin* de la Société.

Signé BAUDE, *rapporteur*,

Approuvé en séance, le 4 juillet 1860.

INTRODUCTION

L'impulsion qu'ont reçue dans ces dernières années, en France, les grands travaux de navigation et de chemins de fer, a exigé de la part des Ingénieurs et des Entrepreneurs chargés d'exécuter leurs projets des efforts incessants, soit pour perfectionner les anciens procédés, soit pour créer des moyens nouveaux réunissant la rapidité d'exécution à l'économie.

C'est ainsi que la vapeur est venue remplacer non-seulement le travail des hommes, mais encore celui des chevaux partout où cette substitution a pu se faire, et qu'elle a permis de rendre à l'agriculture une partie des bras qui lui font défaut.

Ces principes de perfectionnement, qui constituent l'un des caractères distinctifs de notre époque, ont été le point de départ de nos recherches, et nos efforts ont toujours eu pour but de chercher à en faire l'application sur la plus large échelle possible.

1

Nos premiers travaux remontent à 1840, époque à laquelle nous avons été chargé de la direction de la drague à vapeur de l'État, installée sur la Seine. Nous avons apporté alors à cet appareil quelques modifications, qui ont eu de suite pour effet de lui faire produire de 3 à 400 mètres cubes de déblais par jour.

Encouragé par ces premiers résultats, nous nous sommes décidé en 1844 à construire une nouvelle drague d'après les données que l'expérience nous avait déjà fournies. Nous avons été assez heureux pour obtenir d'elle jusqu'à 1000 mètres cubes de déblais par jour et pour faire descendre le prix de revient de 2 francs et au-dessus, à 0 fr. 80 c. par mètre cube.

Plus tard les différents dragages que nous avons eu à exécuter sur presque toutes les grandes rivières nous ont fourni l'occasion d'apporter aux machines des améliorations nouvelles, et c'est ainsi que, sans augmenter sensiblement la dépense, nous avons pu en obtenir plus de 1500 mètres cubes à un prix de revient qui a atteint parfois le minimum de 0 fr. 40 c. par mètre.

Cette facilité de fouiller le lit des cours d'eau, et d'en obtenir rapidement et à peu de frais de grandes quantités de matériaux, est devenue d'un puissant secours pour l'établissement des chemins de fer. En effet, elle a permis d'établir des remblais considérables, sans avoir besoin de recourir aux emprunts de terre qui ont souvent le double inconvénient de supprimer des cultures et de créer des excavations dangereuses et malsaines. En outre, dans les circonstances où les carrières de gravier se sont trouvées à une très-grande distance, il est devenu possible d'obtenir d'une manière moins dispendieuse le ballast nécessaire aux voies.

Pour arriver à de semblables résultats, l'emploi de la vapeur était indispensable, et on a dû en faire l'application aux principales manœuvres, telles que la traction des nombreux bateaux, le débarquement des matières draguées, etc., etc. De là la nécessité de plusieurs appareils spéciaux, modifiés sans cesse suivant la disposition des lieux.

C'est grâce à cette succession de perfectionnements qu'il nous a été possible, depuis dix ans, de fournir aux chemins de fer de Paris à Lyon et à la Méditerranée, de Lyon à Genève, du Bourbonnais, de Mulhouse, du Nord, de Strasbourg à Kehl, etc., une quantité de matières draguées, pour remblais ou ballast, dépassant sept millions de mètres cubes.

Enfin, chargé dernièrement par la Compagnie des chemins de fer de l'Est du fonçage des piles du pont du Rhin suivant l'ingénieux système des caissons en tôle de M. Fleur-Saint-Denis, Ingénieur

principal de cette Compagnie, nous avons combiné
un ensemble d'appareils spéciaux pour la descente
de ces caissons à 20 mètres de profondeur sous
l'étiage, et nous pouvons dire que cette opération
si délicate et si pénible a réussi de la manière la
plus heureuse.

Après les nombreux travaux que nous avons
exécutés, nous serions heureux si l'expérience que
nous y avons acquise pouvait fournir quelques
renseignements utiles. Tel est le but que nous
nous sommes proposé en publiant cet ouvrage, qui
contient les dessins des différentes machines que
nous avons construites et employées, avec un exposé succinct des résultats obtenus.

Nous considérons comme un devoir de signaler
ici le concours éclairé que M. Jacquelot, notre as-
socié depuis 1855, nous a prêté dans nos entre-
prises, ainsi que dans l'établissement de plusieurs
de nos machines, et nous saisissons avec empres-
sement cette occasion pour exprimer de nouveau
toute notre reconnaissance à MM. les Ingénieurs
qui nous ont confié l'exécution de leurs projets, et
qui ont bien voulu nous témoigner leur bienveil-
lance et nous aider de leurs conseils.

Mantes, le 1ᵉʳ juin 1860.

A. CASTOR.

MACHINES A DRAGUER

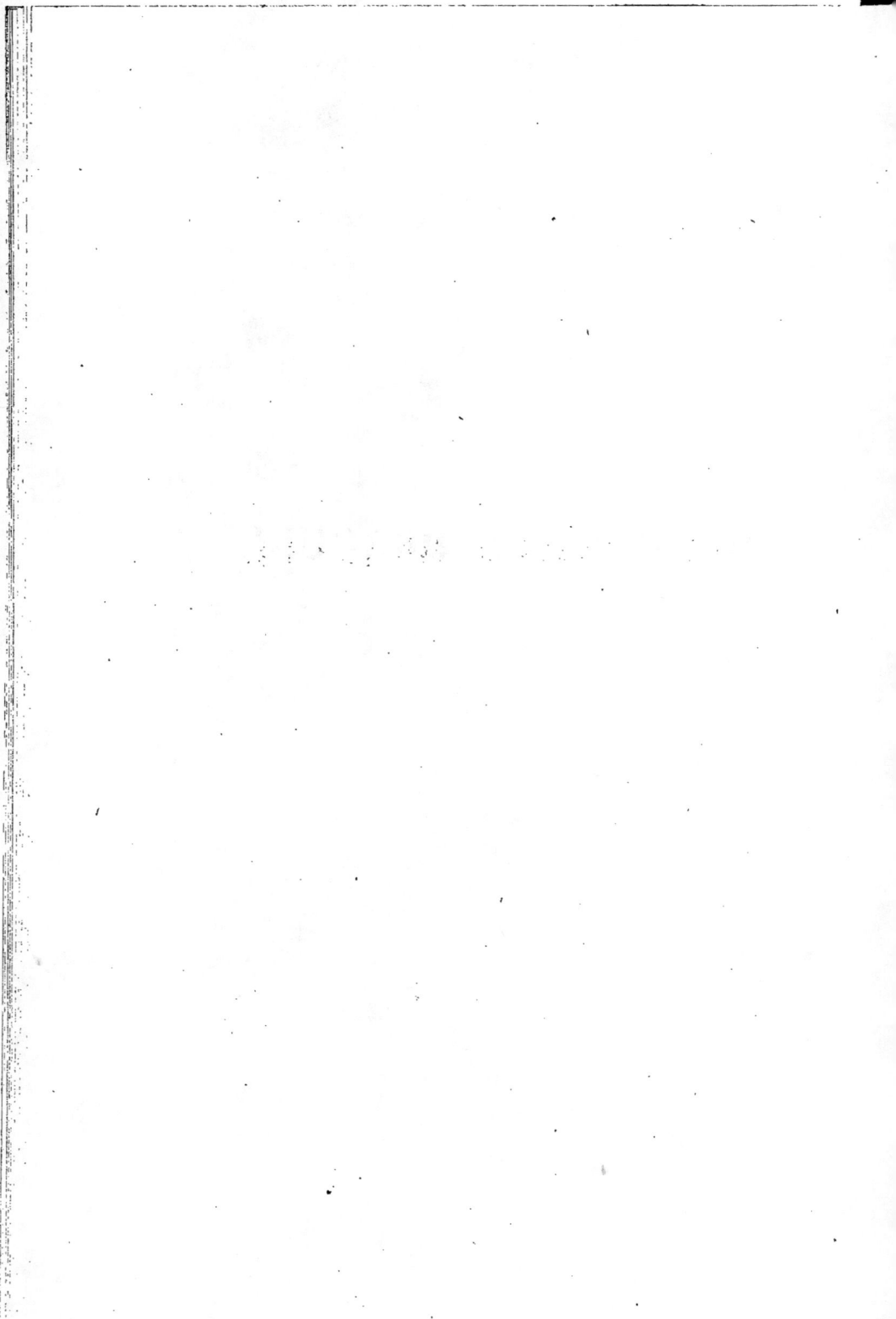

MACHINES A DRAGUER

Il y a vingt ans à peine qu'on n'avait, pour opérer les dragages dans les rivières et les ports, que des machines à manége mues par des chevaux ou des hommes, avec lesquelles on arrivait difficilement à extraire une centaine de mètres cubes par jour, même dans le sable.

L'application de la vapeur a été le point de départ de progrès rapides; mais elle ne suffisait pas encore pour que l'usage de ces nouvelles machines devînt l'objet d'une adoption générale, parce qu'on hésitait encore à les employer lorsque le prix du mètre cube dragué devait revenir à plus de 2 francs. Il était donc indispensable de chercher à diminuer ce prix, et ce n'est que vers 1844, à la suite de nombreuses et notables améliorations, qu'on est parvenu à exécuter des déblais considérables sous l'eau dans un temps relativement très-court, et à un prix ne dépassant pas sensiblement celui des terrassements ordinaires.

Les dragues à vapeur employées aujourd'hui présentent des dispositions variées, suivant la nature et les exigences du travail qu'elles doivent fournir.

Leurs différences caractéristiques consistent dans le nombre et la disposition des chaînes à godets qui sont, pour un même bateau, doubles ou simples, verticales ou inclinées.

Les dragues à deux élindes inclinées sont les plus coûteuses, mais leur prix d'acquisition est amplement compensé par certains avantages qu'elles comportent, surtout lorsqu'on les emploie à la régularisation d'un chenal en rivière, à un niveau déterminé, ou à la démolition d'anciennes constructions sous l'eau.

Les dragues à une seule élinde inclinée sont appréciables au point de vue de la simplicité de leur manœuvre et du peu de place qu'elles occupent ; l'inclinaison de l'élinde leur assure du reste une partie des avantages du système précédent.

Quant aux dragues à chaîne verticale, elles sont employées avec succès pour extraire du gravier à de grandes profondeurs, et dans ce cas elles procurent plus d'économie et de travail que les autres machines.

Enfin, nous avons eu l'occasion d'exécuter une

espèce de drague particulière, destinée à manœuvrer dans un sol glaiseux, et présentant cette particularité qu'elle n'était pas montée sur bateau.

Tels sont les appareils de dragage que nous allons successivement passer en revue.

MACHINES A DRAGUER

DRAGUE A DEUX ÉLINDES INCLINÉES

PLANCHE I

Fig. 1. Élévation longitudinale de l'appareil.

Fig. 2. Plan en supposant enlevés le plancher qui recouvre le mécanisme ainsi que la partie de la charpente qui supporte les pièces principales.

Fig. 3. Coupe transversale suivant les axes qui portent les chaînes à godets et leur donnent le mouvement.

Fig. 4 *et* 5. Détails à une plus grande échelle de l'un des paliers de ces axes.

Ensemble du mécanisme.

Les deux chaînes à godets A sont disposées de chaque côté du bateau B ; leurs échelles ou élindes

a s'appuient sur les deux arbres moteurs C, indépendants l'un de l'autre et commandés par la machine à vapeur D ; la transmission se fait par les
deux roues F et les deux pignons E, fixés avec le
volant G sur l'arbre *b* de la manivelle.

Les pignons E sont fous sur cet arbre , et n'en
deviennent solidaires qu'au moyen des manchons
d'embrayage *r,* qui les mettent en prise au moyen
du volant G. L'assemblage de ces manchons avec le
volant se fait par des plateaux à friction qui forment freins, et dont on peut régler l'énergie à
volonté en serrant plus ou moins les boulons.

Grâce à cette disposition avantageuse la machine
est garantie contre les accidents que pourraient
amener les résistances trop brusques; en effet, dans
ce cas, elle n'a d'autre travail que de surmonter le
frottement produit par le serrage des plateaux, et
peut continuer son mouvement sans entraîner les
pignons.

Le volant est formé de deux couronnes en fonte,
entre lesquelles est interposée une couronne en
bois, qui peut recevoir des gorges pour courroies,
de façon à utiliser la force de la machine pour commander au besoin une roue à tympans, ou toute
autre machine d'épuisement.

La machine à vapeur D et sa chaudière H reposent directement sur le fond du bateau ; le méca-

nisme est enfermé dans une chambre I, recouverte par un plancher J, lequel est prolongé jusqu'à l'arrière pour abriter les hommes chargés du service des treuils.

L'arbre moteur et ceux qu'il commande sont montés sur une charpente composée de traverses c, supportées par des poteaux d.

Comme il est urgent de maintenir les axes C très-solidement, on les garantit du porte-à-faux des chaînes à godets et de leurs élindes, en les supportant en dehors par des étriers en fer e boulonnés, au-dessus du plancher J, sur deux longrines f que relient les trois semelles g. La dernière semelle porte les poulies de renvoi h, sur lesquelles passent les chaînes i qui servent à relever les élindes à la profondeur voulue et viennent s'enrouler sur les treuils M.

Le bateau est pourvu de deux treuils K, l'un à l'avant, l'autre à l'arrière, qui servent à le faire avancer ou reculer à l'aide des chaînes j amarrées à deux points fixes.

Le mouvement latéral s'obtient de la même manière, au moyen des deux treuils L, des chaînes k, et des galets de renvoi k' placés, en dehors du bateau, sur une partie du pont qui est à claire-voie.

Les godets N déversent les matières draguées

sur deux tabliers inclinés en tôle O, accrochés de chaque côté du bateau sur une tringle horizontale.

Ces tabliers sont formés de deux parties réunies par une charnière, dont l'une est fixe et dont l'autre mobile se relève ou s'abaisse à volonté, au moyen d'une chaîne commandée par un petit treuil P accolé aux flancs du bateau. En outre, une vis à manivelle *ll'*, passant dans un écrou fixé au bord supérieur de chaque tablier, permet de le faire glisser sur sa tringle et, par conséquent, de le maintenir toujours à portée du point de versement de la chaîne à godets correspondante, dont l'inclinaison varie nécessairement suivant la profondeur à laquelle on opère le dragage.

Chaînes à godets.

Les élindes sont formées de deux pièces principales en bois de sapin *a*, de 0^m,300 de largeur, sur 0^m,180 d'épaisseur ; leur longueur peut varier entre 10^m,50 et 13^m,00. Elles sont réunies par des entretoises et des croix de Saint-André, et, dans les parties susceptibles de frottement de la part du bateau ou des godets, on les a garnies de plates-bandes en fer de 5 millimètres d'épaisseur. Chacune d'elles a son point fixe sur l'arbre du tambour supérieur T, qui commande le mouvement des godets, et autour duquel elle peut tourner. A cet égard, on doit à M. Cavé un perfectionnement très-important à signaler.

Au lieu de prendre l'arbre directement pour point d'appui de l'élinde, ce qui donne à la machine un surcroît de résistance égal au frottement dû à plus de la moitié du poids de cette partie de l'appareil, M. Cavé a imaginé de se servir des supports mêmes de l'arbre pour tourillons. Ils portent, à cet effet, une gorge dans laquelle se trouve engagé un collier *m,* fixé sur chaque montant de l'élinde en son point de rotation, de façon que l'arbre en tournant n'éprouve réellement que la résistance résultant du mouvement qu'il communique au tambour, et par suite à la chaîne à godets.

Les figures 4 et 5 représentent en élévation et en plan l'un de ces colliers. C'est, à vrai dire, un palier ordinaire, dont le chapeau est remplacé par une bride en fer *m'* qui ne sert qu'à le maintenir sur son tourillon, attendu que la pression a toujours lieu dans un seul sens.

Un autre perfectionnement, qui nous a paru non moins utile que le précédent et que nous avons appliqué à cette drague ainsi qu'à toutes les autres, consiste dans la disposition des colliers *m,* de façon à permettre de régler à volonté leur place sur le montant de chaque élinde, pour donner à la chaîne une tension toujours convenable, que tend à diminuer l'usure des boulons et des maillons.

La semelle de chacun de ces colliers est terminée à cet effet par un bossage percé d'un trou qui donne passage à une vis m^2 (figure 1), dont l'écrou est fixé en tête du montant a de l'élinde. Il en résulte qu'en tournant plus ou moins cette vis on peut changer la position du collier m, avant qu'il soit fixé à demeure, et par conséquent faire varier l'écartement des tambours T et T' pour donner à la chaîne la tension désirable.

Les tambours T et T', qui communiquent le mouvement aux chaînes, sont formés de deux plateaux en fonte et d'une partie carrée de $0^m,700$ de côté, qui reçoit les maillons. Les angles sont munis de fortes équerres en fer bien boulonnées, qui supportent toute l'usure et qu'on peut remplacer aisément sans toucher à la pièce principale.

Les godets sont en tôle, de 5 millimètres d'épaisseur, et percés de trous pour l'écoulement de l'eau. Leur bord supérieur, destiné à entamer le terrain, est garni d'une bande d'acier qui n'a pas moins de 100 millimètres de largeur sur 12 d'épaisseur.

Lorsque le terrain est difficile à attaquer, on peut, ainsi que nous l'avons fait pour la première fois en 1844, attacher sur la chaîne, entre chaque godet, des pioches en fer v telles que celle qui est représentée figure 1. Ces pioches, qui sont aciérées, sont surtout utiles lorsqu'il s'agit d'opérer dans un sol pierreux, lorsqu'on doit démolir d'anciennes constructions, ou même arracher des pieux.

Les chaînes glissent sur des rouleaux en fonte n, dont les axes sont maintenus par des supports en bois n' fixés sur les élindes.

Construction du bateau.

La coque du bateau portant 23 mètres de long sur 5 mètres de large, est construite en tôle de 4 millimètres pour les côtés, et 5 pour le fond, avec cornières transversales, disposées sur toute la longueur à $0^m,50$ de distance l'une de l'autre.

Les deux flancs sont munis de planchers à claire-voie Q, de même saillie que les élindes, pour la commodité du service et pour empêcher les chocs des bateaux qui viennent recevoir les produits du dragage.

Machine et chaudière à vapeur.

La machine se compose du cylindre D (figure 3), monté sur une plaque de fondation p, laquelle est boulonnée sur un bâti en charpente p' établi sur le fond même du bateau. Les guides de la tige du

piston sont fixés sur des oreilles venues de fonte
avec le cylindre, de façon à rendre la construction
de la machine tout à fait indépendante du reste de
la charpente.

Le mouvement du piston se communique à l'arbre b des pignons de commande E, au moyen
de la bielle q, et de la manivelle en fer forgé q'
clavetée sur l'arbre.

La machine est à détente variable.

Le piston a 310 millimètres de diamètre, et 900
de course; la tension maxima de la vapeur est de
6 atmosphères.

La chaudière, à foyer intérieur et à double par-
cours de flamme, a $1^m,250$ de diamètre sur
6 mètres de longueur; sa surface de chauffe est
de 27 mètres carrés.

L'alimentation se fait comme à l'ordinaire avec
une pompe R, mise en mouvement par la machine
à vapeur; on y a adjoint le petit cheval S pour
continuer l'alimentation pendant les temps d'arrêt.

Dans ces conditions, la machine et sa chaudière correspondraient à une puissance d'environ
20 chevaux : la force qui est ordinairement dépensée par le dragage ne dépasse pas 12 à 15 chevaux.

- Travail produit.

La vitesse de l'arbre des tambours étant ordinairement réglée à 11 tours par minute, 22 godets se vident dans le même temps. La capacité d'un godet étant de 85 litres, on aurait, en les supposant pleins,

$$85 \times 22 = 1870 \text{ litres}$$

de matières extraites dans chaque minute et par chaque chaîne.

Pour 10 heures de travail le produit serait, pour les deux chaînes,

$$1870 \times 60 \times 10 \times 2 = 2,244,000$$
$$\text{ou } 2,244 \text{ mètres cubes.}$$

Ce résultat, qui n'est que théorique, n'est jamais atteint dans la pratique, en raison des interruptions nombreuses du travail, nécessitées soit par la manœuvre des bateaux de chargement, soit par les réparations de toute nature, en raison également du non-remplissage des godets. Avec un travail régulier de 10 heures par jour, on peut ordinairement compter sur un produit maximum de 800 à 1000 mètres cubes.

Le produit théorique est donc au maximum d'effet utile dans le rapport de 1000 à 2,244, soit 0,445, c'est-à-dire un peu moins de 45 pour 100.

Prix de revient.

Le prix de revient de l'appareil peut s'établir comme suit :

Coque en fer, 15,000 kilog. à 0 fr. 80.......	12,000 fr.
Charpente, menuiserie, ferrements, boulons, couverture en zinc du pont...............	8,500
Machine à vapeur, machine alimentaire, roues, arbres de mouvement et paliers............	12,000
Chaudière, tuyaux en cuivre, cheminée, fourneau, maçonnerie......................	10,000
Tambours, élindes avec godets, maillons, boulons d'assemblage, etc...................	11,000
Huit treuils.............................	2,600
Chaînes, cordages, ancres, engins divers......	3,900
TOTAL.	60,000 fr.

Prix de revient du dragage dans un terrain facile, 0 fr. 50 à 0 fr. 70.

DRAGUE A UNE SEULE ÉLINDE INCLINÉE

PLANCHE II

La drague à une seule élinde inclinée offre, ainsi que nous l'avons dit, l'avantage de permettre d'opérer dans des espaces limités, soit pour faire les fouilles nécessaires à la construction des piles d'un pont, soit pour draguer dans les canaux, etc.; sa simplicité et sa manœuvre facile en font un appareil précieux dans certaines conditions spéciales (1).

Fig. 1. Coupe verticale de l'appareil, suivant la ligne brisée I, II, III, IV, de la figure 2.

Fig. 2. Vue en-dessus.

Fig. 3. Coupe transversale, suivant la ligne XY de la figure 2.

Fig. 4 *et* 5. Détails de l'un des tambours de la chaîne à godets.

Description de l'appareil.

La chaîne à godets A, est construite de la même façon que celles de la drague à deux élindes.

La coque seule du bateau diffère en ce qu'elle doit présenter une ouverture au passage de l'élinde, qui occupe le milieu de sa largeur. Cette ouverture devant avoir une certaine étendue afin de permettre de varier l'inclinaison de la chaîne, il s'ensuit que le bateau, sur la moitié environ de sa longueur, est divisé en 2 parties à partir du pied de la verticale qu'on abaisserait de l'axe du tambour supérieur.

Les deux parties jumelles du bateau sont réunies

---

(1) Il y a quelques années on a construit plusieurs dragues de ce système, avec machines à vapeur puissantes, pour faire des dragages dans les rades de Toulon et du Havre.

à l'extrémité d'arrière par un chevalet I, portant le treuil J qui sert à relever ou à baisser l'élinde.

L'axe C des tambours et l'arbre de commande b de la machine à vapeur D sont montés sur un bâti en charpente composé de deux chevalets c, lesquels sont reliés à la partie supérieure par des traverses d et par des croix de Saint-André. L'ensemble de cette charpente est assujetti sur 4 longrines e fixées sur le fond du bateau.

Un troisième chevalet c', parallèle aux deux autres, supporte l'extrémité de l'arbre b, pour éviter que le volant, l'embrayage du pignon de commande E et l'excentrique de la pompe alimentaire ne viennent à porter à faux.

Le bâti c et le chevalet d'arrière I sont reliés par 2 tirants en fer f, qui ont surtout pour effet de soulager le dernier du poids de l'échelle.

Les godets N déversent sur deux tabliers O, à parties fixe et mobile, qui, partant de l'axe de l'appareil, sont disposés pour conduire à volonté les matières draguées de l'un ou de l'autre côté du bateau, suivant la nécessité du service ; à cet effet, un papillon en tôle g (figure 2), que l'on tourne à droite ou à gauche, met en communication avec la chaîne à godets celui des deux tabliers qui doit fonctionner.

La partie mobile des tabliers est manœuvrée au

moyen de chaînes et de petits treuils fixés aux chevalets c, et composés d'un axe l, portant une roue dentée l', qui engrène avec un pignon o fixé sur l'axe d'une manivelle o'.

La machine à vapeur est disposée de la même manière que dans la drague à deux élindes ; sa puissance est un peu moindre et équivaut à 8 chevaux-vapeur en moyenne. La chaudière est à foyer intérieur; sa surface de chauffe est de 15 mètres carrés.

Le bateau est, comme le précédent, construit tout en fer ; sa longueur est de 19 mètres, et sa largeur de $3^m,65$.

Les godets sont d'une capacité d'environ 70 litres.

Travail produit.

L'arbre des tambours faisant 10 tours par minute, il passe 20 godets dans le même temps, ce qui donne théoriquement, pour 10 heures de travail,

$$70 \times 20 \times 60 \times 10 = 840,000 \text{ litres}$$
$$\text{ou } 840 \text{ mètres cubes.}$$

Or le produit réel ne s'élève guère qu'à 500 mètres cubes, et à condition qu'on opère sur des terrains favorables. Néanmoins ce rendement peut être regardé comme satisfaisant, surtout si l'on considère que l'appareil est disposé en vue d'un service spécial, bien plus que pour fournir une production considérable.

Prix de revient.

Coque en fer, 10,000 kilog. à 0 fr. 85........	8,500 fr.
Charpente pour l'installation du mécanisme, etc.	5,000
Machine à vapeur, arbres, engrenages........	5,000
Chaudière, tuyaux et appareils alimentaires....	6,000
Elinde avec les deux tambours, galets, maillons, godets, etc............................	5,000
Treuil pour manœuvrer l'élinde..............	800
5 treuils pour la manœuvre du bateau	1,500
Chaînes, cordages et agrès	3,200
Total...	35,000 fr.

Le mètre cube de dragage exécuté par cette machine, y compris le chargement dans les bateaux, mais abstraction faite du transport, est revenu à 0 fr. 70.

DRAGUE A UNE SEULE ÉLINDE VERTICALE

PLANCHE III

Bien qu'établie sur de plus grandes proportions que la précédente, cette drague n'en diffère essen-

tiellement que dans la disposition verticale et libre
de son élinde.

Grâce à cette disposition, on peut travailler dans
des conditions avantageuses, à des profondeurs
qu'on ne saurait atteindre avec les élindes inclinées
sans absorber une force motrice plus considérable,
et par conséquent sans de plus grandes dépenses.

Ainsi, avec une chaîne à godets verticale, on peut
opérer facilement jusqu'à une profondeur de 16
mètres, suivant la longueur de l'élinde, qui, dans
ce cas, doit avoir 23 mètres de longueur; mais c'est
déjà là une limite considérable, et, bien qu'elle ne
doive pas être prise comme maxima, on doit dire
cependant qu'on ne saurait l'atteindre avec un
faible prix de revient.

Dans les circonstances ordinaires d'extraction de
gravier pour remblai ou ballast, où ce genre de
machine a été plus généralement employé, la profondeur à laquelle on opère varie de 4 à 12 mètres; alors l'appareil fonctionne avec beaucoup de
régularité, même avec une machine d'une puissance
relativement faible.

Fig. 1. Coupe verticale suivant l'axe du bateau.

Fig. 2. Vue en-dessus, en supposant l'élinde
coupée au-dessus de l'arbre de commande.

Fig. 3. Coupe transversale entre la chaudière
et le mécanisme de la chaîne à godets.

Description de l'appareil.

La chaîne à godets A est montée sur un bâti en charpente, composé, comme précédemment, de trois chevalets *c, c, c'*, reposant sur deux traverses *d* placées transversalement au bateau B et assujetties à sa coque.

Les tambours moteurs de cette chaîne se composent de deux colliers en fonte T, de forme octogonale, calés sur l'arbre de commande C et armés de cames aciérées qui saisissent les maillons de la chaîne. Quant au tambour inférieur T', placé au bas de l'élinde, c'est un cylindre uni, muni de deux joues et dont le diamètre est d'environ $0^m,90$.

Il résulte de cette disposition que la chaîne doit être formée de maillons courts, constituant une véritable chaîne de *Gall*, afin de pouvoir suivre aisément le contour des colliers T et du tambour T'.

Les deux montants *a* diffèrent de ceux des échelles inclinées, en ce qu'ils ne sont reliés entre eux qu'à la partie supérieure par des traverses et des contre-fiches *a'*, formant moises; leur poids seul suffit avec celui du tambour T' pour produire une tension suffisante de la chaîne à godets, dont la verticalité dispense de la faire passer sur des rouleaux de friction.

Chacun de ces montants est maintenu dans une position verticale, au moyen de deux guides munis de galets en fonte e, dont l'un presse sur l'une des faces à la hauteur du chapeau des chevalets c (figure 2), et dont l'autre, situé un peu au-dessus du fond du bateau, presse sur la face opposée, ainsi que l'indique le ponctué de la figure 1.

I est la chambre ou le *puisard* dans laquelle passent la chaîne à godets et les montants a pour descendre dans l'eau ; elle est formée de quatre cloisons étanches, élevées sur les côtés d'une ouverture rectangulaire, ménagée au fond du bateau.

En raison de la verticalité de l'élinde, les godets ne peuvent effectuer directement leur vidange sur les tabliers O ; ils se déversent alors sur un tablier mobile intermédiaire O', que l'on avance au moyen d'un levier m et que l'on déplace ensuite pour en faire tomber le contenu sur les tabliers O pendant le passage du godet. Un homme est spécialement préposé à cette manœuvre, qui se répète nécessairement au passage de chaque godet.

Bien qu'il semble assez naturel d'effectuer ce travail mécaniquement, nous n'avons cependant pas encore jugé utile de le faire, attendu que l'ouvrier qui en est chargé doit en même temps surveiller la marche de la chaîne et prévenir les accidents qui pourraient occasionner du chômage, en indiquant les petites réparations qui ne nécessitent que des arrêts de peu de durée.

Les tabliers O sont, comme à l'ordinaire, composés de deux parties assemblées à charnière et munis, ainsi que ceux de la drague à une élinde inclinée, d'un papillon *g,* à l'aide duquel le gravier extrait peut être déversé d'un côté ou de l'autre du bateau.

Nous n'insistons pas sur les autres dispositions, car elles sont les mêmes que dans les appareils précédents, et il est facile de les retrouver par les mêmes lettres qui les désignent.

Machine à vapeur et chaudière.

La machine à vapeur, ainsi que le mode de transmission, présentent le même agencement que celui qui a été décrit pour la drague à une élinde inclinée. Quant à la puissance de la machine, elle est plus considérable en raison de la capacité plus grande des godets, et par conséquent de l'augmentation de la charge; elle est en moyenne de 15 chevaux.

La chaudière est du système tubulaire, avec foyer intérieur; elle représente 22 mètres carrés de surface de chauffe. La cheminée est un peu plus élevée que dans les autres machines, afin que l'ouvrier chargé de la manœuvre du tablier O' ne soit pas incommodé par la fumée.

Travail produit.

La capacité de chaque godet étant de 160 litres, et l'arbre moteur de la chaîne faisant 22 tours par minute, ce qui correspond ici au passage d'un même nombre de godets dans le même temps, il en résulte que le rendement théorique pour 10 heures de travail est donné par l'équation :

$$160 \times 22 \times 60 \times 10 = 2,112,000 \text{ litres}$$
$$\text{ou } 2,112 \text{ mètres cubes.}$$

Or, le travail effectif ayant été en moyenne de 1,200 mètres cubes, l'effet utile est donc de

$$\frac{1,200}{2,112} = 0,57 ;$$

résultat supérieur à celui fourni par les autres dragues, et qui doit être attribué en majeure partie aux dispositions particulières de la chaîne, qui fonctionne sous une faible tension et qui ne subit, pour ainsi dire, aucun frottement dans toute l'étendue de sa course.

Prix de revient.

Coque en fer de 15,000 kilog. à 0 fr. 80......	12,000 fr.
Pont, charpente, etc......................	6,500
Machine à vapeur, arbres et engrenages, etc...	7,500
Chaudière et ses accessoires, tuyaux, appareils alimentaires.........................	7,000
Élinde, colliers à cames, tambour, chaîne, godets...............................	7,000
4 treuils à 300 fr.......................	1,200
Cordages et agrès.......................	3,800
Total	45,000 fr.

Dans les meilleures conditions, le travail d'extraction seul est revenu à 0 fr. 40 le mètre cube.

DRAGUE A CHARIOT.

PLANCHE IV

Lors de la construction des viaducs de la Thalie et du Grison (chemin de fer de Paris à Lyon), qu'il s'agissait de terminer dans un court délai, la nécessité de pratiquer des fouilles dans un sol vaseux pour établir les fondations au milieu d'une enceinte de pieux et de palplanches préalablement battus, et l'impossibilité d'employer des bateaux pour établir les appareils, nous obligèrent, à la demande des ingénieurs chargés de la direction des travaux, de combiner une machine spéciale, pouvant se déplacer et se manœuvrer facilement. Cette machine, ainsi qu'on va le voir, n'est autre qu'une drague à une seule élinde inclinée, montée sur un chariot.

Fig. 1. Élévation longitudinale de l'appareil.

Fig. 2. Vue en-dessus.

Fig. 3. Vue de bout du côté de la cheminée de la machine à vapeur, en supposant enlevé le treuil qui sert à relever l'élinde.

Description de l'appareil.

L'ensemble de la drague se compose d'une chaîne à godets A, dont l'axe de rotation C est monté sur deux chevalets parallèles c, assemblés sur deux fortes semelles B, qui, réunies à chaque extrémité par un système de traverses jumelles d, constituent un châssis roulant, formant la base de tout l'appareil.

C'est sur deux de ces traverses d qu'est établie la petite machine à vapeur D, du système locomobile, qui fait mouvoir la drague.

Le châssis B est monté sur quatre petites roues e, dont les traverses d portent les axes et qui roulent sur deux fortes semelles chanfreinées h, placées

transversalement en tête et en queue du chariot
principal.

Ce chariot est monté sur six roues *f* mainte-
nues entre quatre longrines *j*, qui sont disposées
deux à deux à droite et à gauche, vers les extrémités des semelles *h* qui les réunissent. Il roule sur
deux rails en bois *g*, courant sur toute l'étendue
de la fouille et fixés sur les moises mêmes des
pieux d'enceinte.

On voit que cette disposition permet à la machine de se déplacer suivant deux directions perpendiculaires, transversalement en faisant rouler le
bâti B sur le chariot qui le supporte, et longitudi-
nalement en mettant en mouvement le chariot
lui-même.

Les godets N se vident sur un tablier O (figure 1),
dont l'inclinaison se règle à volonté et qui déverse
les matériaux dans la caisse d'un petit tombereau
à bras.

La chaîne à godets ne présente rien de particulier ; elle est semblable à celle de la drague à une
seule élinde inclinée, et son inclinaison est réglée
au moyen du treuil M installé à l'extrémité du
châssis B.

En résumé, cette drague est d'une grande simplicité. Dans les circonstances où elle a été em-
ployée, elle pouvait atteindre, par la longueur de

son échelle, jusqu'à 8 mètres au-dessous du chariot principal.

Le peu de place dont on pouvait disposer a nécessité l'emploi d'une machine locomobile. La commande ne se fait donc pas directement; elle a lieu au moyen de la courroie k qui relie, d'une part, la poulie L calée sur l'arbre coudé b du volant G, et, d'autre part, une seconde poulie L' fixée sur un axe intermédiaire l, lequel transmet le mouvement à l'arbre C de la chaîne à godets au moyen du pignon E et de la roue F.

Travail produit.

La puissance de la machine à vapeur est de 4 chevaux. Pour 55 tours de la machine dans une minute, l'arbre de la chaîne à godets en fait 9, vitesse à laquelle correspond le passage de 12 godets.

La capacité de chaque godet étant de 30 litres, le travail théorique, pendant 10 heures, est donné par l'équation

$$30 \times 12 \times 60 \times 10 = 216{,}000 \text{ litres}$$
$$\text{ou } 216 \text{ mètres cubes.}$$

Mais on ne pouvait travailler d'une façon continue, en raison de la nature du terrain glaiseux qu'il fallait constamment détacher des godets; en

3

sorte que, si l'on ajoute à cette cause d'interruption non-seulement celles qu'on rencontre dans la marche des appareils ordinaires, mais encore les difficultés que dans l'espèce présentaient les transports, on ne sera pas étonné que l'effet utile de l'appareil n'ait pas dépassé 60 à 80 mètres cubes par jour.

Prix de revient.

Installation du chariot et de la charpente destinée à recevoir l'appareil......................	1,500 fr.
Machine à vapeur et transmissions...........	4,000
Élinde, treuil, chaîne, godets, galets, etc.....	2,000
Agrès divers.............................	500
Total......	8,000 fr.

Les dragages opérés par cet appareil spécial sont revenus à 2 francs le mètre cube, prix élevé qu'il faut attribuer aux nombreuses pertes de temps occasionnées par les transports.

MACHINES ÉLÉVATOIRES

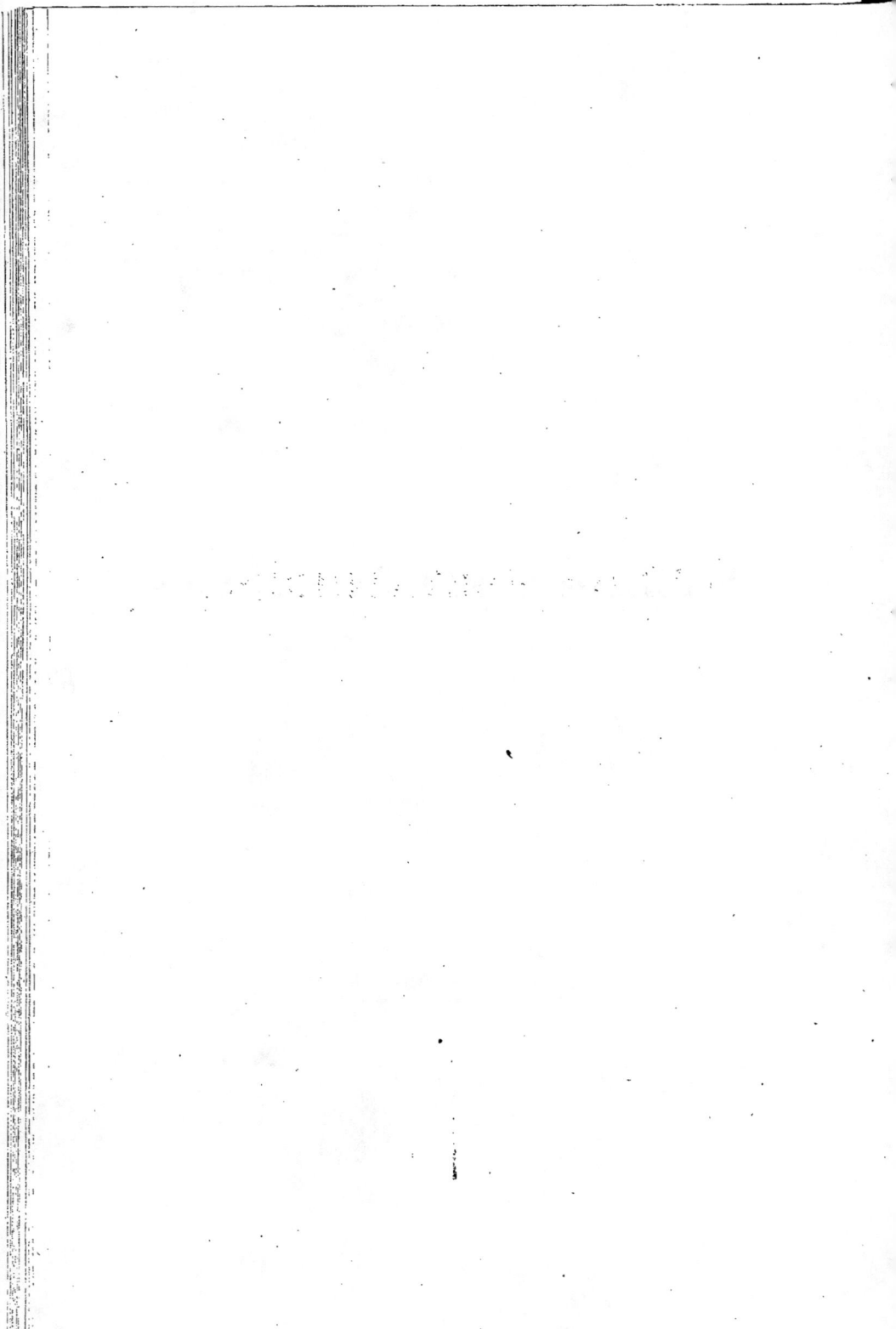

MACHINES ÉLÉVATOIRES

Après avoir perfectionné les dragues de manière à obtenir rapidement et à peu de frais les maté-riaux nécessaires à l'établissement des remblais de chemins de fer ou du ballast de leurs voies, il était indispensable d'organiser sur de larges bases des moyens énergiques et sûrs, pour utiliser ces maté-riaux au fur et à mesure de leur extraction.

Les dragues ne pouvant opérer que sur certains points donnés, il en résulte fréquemment que les déblais doivent être non-seulement conduits à des distances assez grandes, mais encore élevés à un niveau considérable au-dessus du point de char-gement. Dans le premier cas, le transport se fait soit par un système de remorquage avec chevaux ou vapeur, soit par des remorqueurs fixes, ainsi que nous aurons l'occasion d'en parler; dans le second, où il s'agit d'une traction verticale, l'élévation des matériaux est soumise à des conditions diverses, qui nécessitent des combinaisons spéciales pour chacune d'elles.

Ce chapitre est destiné à montrer quelques exemples des diverses opérations de ce genre, que nous avons eu l'occasion d'exécuter.

APPAREILS ÉLÉVATOIRES DE LA GARE DE VAISE

PLANCHES V ET VI

La gare de Vaise, pour le service du chemin de fer de Paris à Lyon, est établie sur un remblai n'ayant pas moins de 180,000 mètres de superficie, sur 6^m,50 de hauteur. En présence du volume énorme de matériaux que nécessitait un pareil travail, en présence surtout de la valeur considérable des terrains qui environnent Lyon, et de leur nature même, il était impossible de songer à construire ce remblai au moyen d'emprunts latéraux; c'est alors qu'on prit le parti d'opérer des dragages dans la Saône, dont l'accès se trouvait facilité par un bassin situé entre la rivière et l'emplacement destiné au remblai à exécuter.

A cet effet, nous avons fait établir dans un des angles de ce bassin un plancher sur pilotis, sur lequel ont été disposées les machines élévatoires. Les caisses chargées de gravier étaient montées au moyen de ces machines sur les voies de fer d'une estacade en charpente, formant la tête d'un pont de service également en charpente, lequel passait par-dessus les chemins et les propriétés.

Estacade et machines élévatoires.

L'estacade et ses machines sont représentées planche V.

Fig. 1. Vue de l'estacade dans un plan perpendiculaire à la direction des voies.

Fig. 2. Autre vue dans un plan parallèle à cette direction.

Fig. 3, 4, 5, 6, 7, 8, 9. Différents détails représentés à une échelle double.

A, batterie de pieux formant la tête de l'estacade; elle comprend quatre travées qui correspondent chacune à une des voies de service, au-dessous desquelles arrivent les bateaux B pour y être déchargés. Le plancher C supporte les machines motrices avec leurs chaudières; le plancher D, de niveau avec les voies, reçoit les chariots ou trucks E, sur lesquels on place les caisses pleines E' montées par les machines; enfin, au sommet de la charpente sont installées les grandes poulies de renvoi F', F².

Les choses sont disposées symétriquement (voir
figure 1), de manière que deux treuils placés l'un
à gauche, l'autre à droite, et mus par deux machines à vapeur, desservent chacun deux voies.

Chacun de ces treuils comprend deux tambours
en fonte F, montés sur un même axe, avec une
roue d'engrenage intermédiaire G, laquelle engrène avec un pignon G' fixé sur l'arbre moteur.

Les machines à vapeur sont du système oscillant ;
chacune d'elles se compose de deux cylindres
horizontaux H accouplés sur le même arbre.

On a cru devoir employer ici des câbles plats I,
de préférence aux câbles ronds ordinaires pour
enlever les caisses. A résistance égale, ils opposent
une roideur bien moindre à l'enroulement, et par
conséquent, fatiguant moins, ils jouissent d'une plus
longue durée ; en outre, ils ont l'avantage de ne
donner lieu à aucune secousse par suite de la facilité
et de la régularité avec lesquelles leurs spires se
superposent.

Ces câbles sont fixés par leurs extrémités in-
férieures à chacun des tambours F, et passent sur
les poulies de renvoi F', également en fonte ; celui
des deux qui dessert la deuxième travée, soit à
gauche, soit à droite, doit nécessairement passer
sur une seconde poulie de renvoi F^2.

Les points d'attache sur les tambours sont dia--

métralement opposés, de façon que pour un même mouvement de l'axe de ces tambours, l'une des charges monte, pendant que l'autre descend; c'est, en effet, ce qu'il est nécessaire de produire pour qu'une caisse pleine s'élève en même temps que l'autre descend à vide.

Les machines à vapeur permettent le changement de marche, en sorte qu'on peut faire tourner les treuils alternativement dans les deux sens.

Le plancher D est muni d'ouvertures J par lesquelles passent les caisses E', et qui peuvent être fermées par des trappes à double bascule K.

Cela posé, voici comment s'opère la manœuvre. Les bateaux ou sapines, portant chacun quatre caisses pleines de matières draguées, s'avancent dans les travées de l'estacade au-dessous des quatre voies de service aboutissant au niveau du plancher supérieur. Une caisse est suspendue au câble de chaque treuil, et, arrivée à la hauteur du plancher D, elle le traverse par l'ouverture J correspondante dont la trappe est ouverte, et s'élève au-dessus à une hauteur suffisante pour que l'on puisse faire avancer le truck de transport qui doit la recevoir.

L'ouverture J se ferme en partie après le passage de la caisse, par la double bascule K qui, une fois en place, se raccorde exactement avec la voie ferrée, et permet d'amener le truck directement sous la caisse.

La figure 1 représente les deux trappes des travées intérieures ouvertes et préparées pour l'ascension des caisses, pendant que celles des travées extrêmes sont fermées et reçoivent les trucks qui ont amené une caisse vide, et vont en prendre une pleine.

La construction des bascules K consiste dans un fort plateau de bois garni, du côté de la voie, d'une longrine pour recevoir le rail plat', et en dessous, à l'extrémité opposée, d'une caisse remplie de cailloux pour faire contre-poids à la longrine.

Ces trappes sont très-faciles à manœuvrer; elles sont préférables aux châssis mobiles dans le sens des voies, et n'exigent pour ainsi dire aucun entretien.

Pour empêcher qu'un truck ne tombe par une trappe ouverte par l'inadvertance d'un homme de service, on a disposé des chaînes de garde W fixées aux bascules mêmes, et qui se tendent ou se détendent suivant que la trappe est ouverte ou fermée.

Mécanisme des treuils.

Les tambours F sont composés de deux plateaux en fonte réunis par des boulons, et garnis de dix bras en bois de chêne qui forment une gorge profonde, sur laquelle peut s'enrouler une grande longueur de câble.

Chaque roue d'engrenage G a $2^m,180$ de diamètre ; chaque pignon G' n'en a que $0^m,440$. Le rapport entre les vitesses est donc de

$$\frac{2,180}{0,440} = 4,95 \text{ ou à peu près 5.}$$

Les poulies de renvoi F', F^2 sont également en fonte tournée, ainsi que leurs joues ou rebords ; elles ont, à fond de gorge, 2^m de diamètre.

Caisses et trucks.

Fig. 3. Plan d'un truck, la caisse qu'il supporte étant enlevée.

Fig. 4. Vue de profil.

Fig. 5. Section longitudinale du truck et de la caisse détachés l'un de l'autre.

Fig. 6. Autre section du truck et de la caisse dans un plan perpendiculaire à celui de la figure 5.

Fig. 7. Vue de bout du truck et de la caisse assemblés, la caisse basculant pour la décharge.

Les trucks avec leur caisse ont la forme des wagons ordinaires de terrassement, avec cette différence, cependant, qu'on a remplacé les chapes de rotation par un simple tasseau en chêne M, reposant dans des collets ménagés sur les bords du truck, et garni de plates-bandes en fer à l'endroit des points d'appui. Cette disposition rend, pour ainsi dire, la caisse indépendante et permet de l'enlever ou de la mettre en place sans temps d'arrêt.

Le versement s'opère sur le côté, ainsi que l'indiquent les figures, mais on s'était réservé la possibilité de le faire par bout au besoin, en tournant de 90 degrés une partie du châssis rendu mobile à volonté, et fixée à demeure par des boulons.

Chaque truck est muni d'un frein à levier Y. Dans les travaux dont il s'agit, cette partie du matériel comprenait soixante wagons complets, et cent vingt caisses supplémentaires.

La capacité des caisses était d'environ $2^{m3},50$.

Croisillons.

Les figures 8 et 9 représentent sous trois vues différentes un des croisillons en fer L, par lesquels les caisses se rattachent aux câbles.

Ce croisillon ou double fléau se compose de deux traverses en tôle emboutie, reliées à leur milieu par un boulon N, qui les laisse libres de pivoter l'une sur l'autre. Ce boulon est terminé par un œil où vient s'assembler l'anneau dans lequel passe le câble, en formant une boucle solidement cousue.

Les quatre extrémités des traverses sont munies
de chaînes en fer O, auxquelles on suspend les
caisses au moyen de chapes P traversées par une
cheville à talon, qu'on saisit facilement avec la main.

Ce mode de suspension de la charge sur quatre
points différents lui donne beaucoup de stabilité,
quelle qu'en soit la répartition ; mais on doit apporter un grand soin dans sa construction, et surtout
dans la qualité et l'ajustement du boulon N qui est
destiné à supporter l'effort total.

Bateaux porteurs ou sapines.

Ces bateaux doivent être d'une construction solide
pour résister aux nombreux chocs qu'ils reçoivent.

L'expérience a démontré qu'il y avait une grande
économie à les établir convenablement de suite,
quel qu'en soit le prix de revient.

Chacun d'eux est muni dans le fond de longrines en charpente sur lesquelles se placent, au
nombre de quatre, les caisses chargées de matériaux.

La longueur d'une sapine est de 17 mètres, et
sa largeur maxima de 4^m,15. Il y en avait 30
environ pour faire le service.

Câbles plats.

Les câbles provenant de la fabrique de MM. Chamonard, de Mâcon, et Plasson, de Chalon-sur-Saône, sont en chanvre d'Italie ; ils ont $0^m,190$ de largeur, sur $0^m,044$ d'épaisseur, et se composent de cinq cordes cousues ensemble.

On distingue, suivant le mode de fabrication, les câbles au suif et les câbles goudronnés. Les deux espèces ont été essayées, mais la première a été reconnue la meilleure, en raison de sa souplesse, et, par conséquent, de sa durée plus grande.

Machines à vapeur et chaudières.

Ces machines, du système Cavé, sont composées chacune de deux cylindres accouplés, qui rendent plus facile la marche alternative dans les deux sens, ainsi que l'exige la manœuvre des tambours.

Les deux cylindres oscillants H, de $0^m,25$ de diamètre, sont montés sur un bâti en fonte boulonné sur un fort cadre en bois de chêne.

Sur le même bâti se trouvent les paliers de l'arbre des manivelles ; celles-ci, courbées à angle droit, sont en fer forgé.

Le levier R de changement de marche (figure 1)

est commandé par une tringle S qui se prolonge
jusque près du treuil, afin que le mécanicien qui
conduit l'opération puisse être placé convenablement pour suivre les mouvements des caisses dans
leur ascension et leur descente.

Les deux machines sont alimentées, à l'aide des
tuyaux x, par deux chaudières T et T′ construites
par M. Laurent Chevalier, à Lyon. L'une d'elles T
est tubulaire, sans retour de flamme, et, par conséquent, sans fourneau en maçonnerie ; elle présente une surface de chauffe de 27 mètres carrés.
L'autre T′ est composée d'un corps principal avec
foyer intérieur et deux retours de flamme par des
carneaux en briques ; sa surface de chauffe est de
28 mètres carrés. C'est ce dernier système qui a
fourni le meilleur service, parce qu'il n'a exigé
en quelque sorte aucune réparation.

Résultats obtenus.

Les dispositions que nous venons de décrire
étant bien réglées, on comprend qu'il ne doit y
avoir d'autre temps d'arrêt que celui nécessaire à
l'accrochage et au décrochage des caisses.

On ne mettait pas plus de 90 secondes pour
enlever une caisse pleine du bateau qui l'amenait,
la placer en haut sur le truck, la décrocher et

accrocher une caisse vide à sa place, l'opération inverse se faisant en même temps avec l'autre câble; l'ascension seule, à 16^m,50 de hauteur, ne prenait guère plus de 30 secondes.

Dans ces conditions une machine élévatoire a souvent débarqué 100 bateaux chargés de 4 caisses dans une journée de dix heures, ce qui donne un effet utile de

$$100 \times 4 \times 2^{m3},50 = 1000 \text{ mètres cubes.}$$

Emploi des chaînes en fer.

Lors de la dernière application que nous avons faite de ces appareils pour les travaux du chemin de fer de Paris à Mulhouse, près Vesoul, nous avons remplacé les câbles plats en chanvre par des chaînes en fer de 0^m,025 de diamètre dans le genre de celles des grues à vapeur.

Elles s'enroulaient sur un tambour à rainures de 1^m,50 de diamètre, et passaient sur une poulie de mouflage posée sur le croisillon de suspension, de manière à ne faire supporter à chaque brin de la chaîne que la moitié de la charge.

Le principal résultat de cette amélioration a été de régulariser l'effort de la machine, en faisant enrouler la chaîne sur un treuil de diamètre cons-

tant, ce qui n'est pas possible avec les câbles plats,
dont les spires se superposent.

Pont de service.

La planche VI représente l'ensemble de l'estacade
et d'une partie du pont de service qui mettait en
communication directe les machines élévatoires et
l'emplacement de la gare projetée.

Fig. 1. Plan pris au niveau du plancher supérieur de l'estacade, et représentant l'agencement
des voies de service.

Fig. 2. Élévation dans un plan parallèle à la
direction des voies de service. Dans cet ensemble
ne figurent pas les machines élévatoires et les bateaux dont les détails ont été donnés planche V.

Fig. 3. Section transversale, faite entre deux
travées qui supportent le tablier du pont.

Ce pont est établi sur des palées composées de
quatre poteaux A, qui forment des travées parallèles
et successives ; chaque travée est consolidée par des
moises, fiches et contre-fiches. Les poteaux supportent quatre longrines sur lesquelles reposent les
traverses des voies de fer.

C'est dans la partie du pont qui s'avance jusque dans le bassin de la gare et qu'on nomme
l'estacade, que se trouvent situées les machines

élévatoires qu'on a vues planche V. Cette partie, ainsi que le montre la figure 1 de la planche VI, est très-élargie pour correspondre aux quatre voies C, C', D', D qui coïncident avec les trappes des ouvertures J par lesquelles passent les caisses chargées ou vides, suivant qu'elles élèvent les produits du dragage, ou qu'on les fait descendre pour les placer sur les sapines.

La disposition adoptée permet d'avoir quatre points de chargement et de déchargement ayant chacun leur voie spéciale.

Les quatre trappes des ouvertures J se raccordent avec les quatre voies C, C', D', D, lesquelles se confondent en deux par un croisement; en outre, il existe en F un croisement commun qui permet, au retour, de passer à l'une quelconque des quatre voies spéciales.

Indépendamment de ces grandes voies qui conduisent des trappes au point de versement des matériaux, il existe quatre voies fermées C^2, D^2, E, E', qui se raccordent aux grandes voies à l'endroit de la jonction avec les trappes. Ces voies supplémentaires, dites *voies d'évitement,* sont destinées à garer les trucks vides des derniers wagons, en attendant qu'ils puissent être amenés aux trappes pour y recevoir les premières caisses pleines du convoi suivant.

Les 4me et 6me voies sont affectées respective-
ment, l'une au départ des wagons chargés, l'autre à leur retour à vide; à partir de la jonction
en F, les deux voies C et D sont parcourues chacune dans les deux sens, attendu que les trappes
auxquelles ces voies correspondent reçoivent les
trucks vides à la place des wagons chargés qui
s'éloignent.

Prix de revient.

850 stères de bois de charpente (sapin) à 40 fr.	34,000 fr.
Main-d'œuvre de 820 stères à 20 fr.	16,400
Boulons, plates-bandes et ferrements divers..	3,000
Deux machines à vapeur de 30 chevaux, arbres, treuils, transmission, tambours..........	40,000
Chaudières, tuyaux et appareils alimentaires..	12,000
30 sapines à 650 fr.....................	19,500
130 caisses de charpente à 100 fr..........	13,000
30 wagons complets à 600 fr..........	18,000
Pièces de rechange, ateliers et agrès divers...	14,000
Total...	170,000 fr.

Le mètre cube élevé à 16m,50, est revenu à
0 fr. 20, en supposant l'amortissement de la moitié
du prix du matériel supporté par un travail de
1,200,000 mètres cubes.

MACHINE ÉLÉVATOIRE A PLAN INCLINÉ

PLANCHE VII

L'approvisionnement du gravier de la Saône pour la fourniture du ballast sur une partie du chemin de fer de Paris à Lyon, aux environs de Collonges, nous a obligé d'employer une machine élévatoire d'un système particulier. L'endroit déterminé pour l'installation présentait une différence de niveau de 20 mètres entre la Saône et la voie de service destinée aux wagons, tandis que la distance horizontale du point de débarquement des bateaux à celui de chargement des wagons n'était que de 35 mètres, ce qui formait un talus d'une inclinaison de 1 de hauteur pour $1\frac{1}{2}$ à 2 de base.

Afin d'éviter les grands échafaudages qu'aurait nécessités une élévation verticale directe des matériaux, un plan incliné en charpente a été construit, dont l'idée première revient, nous devons le dire, à MM. Couvreux et Oberlin, qui se sont chargés de l'exécuter.

Fig. 1. Vue de profil de l'ensemble de la construction.

Fig. 2. Vue en dessus.

Fig. 3. Section verticale partielle suivant la ligne I, II, de la figure 1, et destinée à montrer de face le treuil et sa machine motrice.

Fig. 4. Plan du chariot roulant sur le plan incliné.

Description de l'appareil.

Le plan incliné se compose de deux longrines A supportées par plusieurs fermes B en charpente, qui prennent leur point d'appui sur le talus du chemin de fer, et dont la plus basse repose sur une batterie de pieux C, qui soutient en même temps la poussée de tout le système.

Sur les longrines A sont assemblés deux rails en fer *c,* sur lesquels roule un chariot D; celui-ci est fixé à l'une des extrémités d'une chaîne E, dont l'autre extrémité se rattache au tambour F d'un treuil installé à la partie supérieure du plan incliné. Ce treuil est mû par une machine à vapeur verticale G, établie sur la même charpente, entre les deux dernières travées supérieures.

Monté fou sur son axe, le tambour F se compose de deux plateaux en fonte réunis par un certain nombre de pièces en chêne, lesquelles constituent un cylindre creux tourné extérieurement, et garni d'une plate-bande en fer formant hélice, de façon à ménager une 'rainure entre chaque spire pour

recevoir les maillons de la chaîne. Les paliers qui
supportent l'axe du treuil sont fixés directement sur
les longrines A dans le prolongement des rails.

Un manchon K (figure 2) sert à l'embrayage du
tambour F.

L'un des plateaux en fonte de ce tambour porte
une grande poulie à gorge F', destinée à recevoir
le frein sur lequel on agit pendant la descente du
chariot D.

Une roue d'engrenage L et un pignon L' (figure 3)
transmettent au tambour le mouvement de la
machine à vapeur.

La chaîne E est disposée, non-seulement pour
entraîner le chariot le long du plan incliné, mais
aussi pour enlever les caisses pleines hors du bateau-porteur. Ainsi, en supposant les choses dans
l'état où elles sont représentées figure 1, la chaîne,
partant de son point d'attache fixé au chariot, et
plus longue que le plan incliné, descend verticalement pour se relever ensuite, en supportant une
poulie à chape I à laquelle vient se fixer la caisse
au moyen d'un fléau en fer muni de quatre chaînons
doubles à crochets; de là elle se rend au tambour
F, en passant sur une poulie de renvoi H disposée
au milieu du cadre du chariot.

Les choses ainsi disposées, si on met le treuil en
mouvement, on voit que la caisse s'élèvera d'abord

verticalement, tandis que le chariot restera immo-
bile. La chaîne étant mouflée, le poids de la charge
se trouve divisé dans le rapport des cordons; mais
une fois arrivée à la hauteur nécessaire, la chape
de la poulie I rencontre un tasseau J faisant corps
avec le chariot, et situé au-dessous du point d'attache de la chaîne; alors, l'ascension verticale de
la caisse étant arrêtée, l'action du treuil s'exerce
sur le chariot pour le faire monter sur la voie
inclinée en entraînant la caisse avec lui. Pendant
cette période du mouvement, la chaîne n'agit plus
évidemment sur la charge comme une moufle, mais
la résistance reste à peu près la même, attendu
que l'inclinaison du plan étant d'environ 0^m,50 par
mètre, l'effort à la traction est encore à peu près
diminué de moitié.

Pour opérer l'ascension du chariot, on commence
par mettre la machine à vapeur en marche, on em-
braye le tambour du treuil, et la caisse s'élève alors
verticalement, ainsi qu'il vient d'être dit, puis le
chariot monte à son tour. Arrivée à l'avant-dernière
travée supérieure, la caisse rencontre un buttoir qui
la fait incliner. On arrête à ce moment la machine,
et, un ouvrier spécial ouvrant une trappe dont la
caisse est munie, le gravier tombe sur un tablier M
qui le laisse écouler dans le wagon amené directement au-dessous.

La caisse une fois vide, on débraye le tambour du treuil, qui se met à tourner fou sur son axe en laissant la chaîne se dévider sous la traction du chariot qui descend par son propre poids, et dont on modère la vitesse au moyen du frein placé sur la poulie F'.

Un heurtoir en charpente N, construit très-solidement, est placé au bas des longrines; il est destiné à limiter la descente du chariot et à lui donner un point d'appui pendant l'ascension verticale de la caisse.

Le chariot revenu au bas de sa course, la caisse descend verticalement, puis elle est replacée sur le bateau et remplacée par une pleine, et ainsi de suite.

Machine à vapeur et résultats obtenus.

Le cylindre a de la machine (figure 3) est fixé sur un bâti ménagé au-dessus du wagon qui reçoit la décharge de la caisse.

Le piston a $0^m,26$ de diamètre et $0^m,80$ de course. Ne devant opérer que dans un seul sens, la machine ne possède pas, par conséquent, de changement de marche.

La chaudière est placée dans la travée voisine et suspendue à la charpente par des tirants en fer. De

forme elliptique avec foyer intérieur, elle a $1^m,60$
suivant son grand axe, et $0^m,95$ dans le sens du
petit, sur une longueur totale de $4^m,50$. Elle offre,
en somme, 18 mètres carrés de surface de chauffe,
et peut produire de la vapeur à 5 atmosphères, en
quantité plus que suffisante à la consommation. Enfin, elle est complétement entourée de sable pour
éviter les déperditions de chaleur, et ce sable est
maintenu par une simple caisse en bois.

Connaissant l'effort exercé à la circonférence du
treuil et sa vitesse, il est facile d'estimer l'effet utile
produit.

Une caisse pleine pesait environ $4,500^k$. La machine faisait moyennement 40 à 45 tours par mi-
nute, et les roues L, L' étant dans le rapport de $\frac{1}{5}$, le
tambour F accomplissait 8 à 9 tours dans le même
temps.

Cela posé, le diamètre de ce tambour étant de
1^m, sa vitesse à la circonférence était de

$$\frac{1^m \times 3,14 \times 8}{60} = 0^m,42.$$

La charge représentant la résistance que doit
vaincre le treuil en mouvement étant de $2,250^k$,
en tenant compte de l'inclinaison du plan parcouru

et du mouflage de la chaîne, la force en chevaux absorbée par ce travail était donc de

$$\frac{2250 \times 0^m,42}{75} = 12,60 \text{ chev.}$$

Or, la puissance nominale de la machine était un peu supérieure à ce chiffre, pour compenser toutes les résistances.

A cette vitesse de $0^m,42$ de la caisse sur un plan incliné de 34 mètres, l'ascension s'effectuait en 70 secondes à peu près, et le temps nécessaire pour une opération complète, c'est-à-dire pour l'ascension, la décharge, la descente à vide et l'accrochage, était de moins de trois minutes. On pouvait réellement faire monter 23 à 25 charges par heure, ce qui, au maximum, représentait un volume de

$$2^{m3},10 \times 25 = 52^{m3},50,$$
chaque caisse contenant $2^{m3},10$.

On est arrivé dans la pratique à 50 mètres cubes par heure; mais si on avait disposé un second plan incliné à côté du premier, on eût obtenu un produit presque double sans augmenter les dépenses d'une manière sensible, et réalisé une économie notable en accouplant les deux treuils qui auraient permis de monter une caisse pleine pendant qu'on en aurait descendu une vide.

Prix de revient.

Charpente 65^{m3} à 60 fr	3,900 fr.
Boulons et ferrures diverses................	1,500
Machine à vapeur, chaudière et accessoires ...	15,000
Transmission, treuil, chaîne, chariot et agrès divers...............................	4,600
Total.....	25,000 fr.

Le mètre cube élevé, calculé sur un volume de 200,000^{m3} et en tenant compte de l'amortissement de la moitié des frais d'installation, est revenu à 0 fr. 30.

PLAN INCLINÉ POUR WAGONS

PLANCHE VIII

Pendant que nous exécutions, en 1857, les remblais du chemin de fer de Lyon à Genève, entre le viaduc sur le Rhône et la gare des Brotteaux, on construisait la digue insubmersible destinée à protéger contre les crues du fleuve la rive gauche de la vallée, et particulièrement les Brotteaux et la Guillotière.

Comme cette digue venait couper la voie de service qui servait au transport du gravier que nous employions à ces remblais, il arriva un moment où l'on fut obligé, pour l'achèvement des travaux, de faire passer la voie par-dessus. Cette circonstance nécessita l'établissement d'un plan incliné, sur lequel les wagons étaient remorqués par une machine fixe placée au sommet de la digue.

Fig. 1. Profil longitudinal du plan incliné, indiquant l'emplacement de la machine à vapeur et la disposition des wagons remorqués.

Fig. 2. Croquis général de l'installation et des voies de service.

Fig. 3. Vue de profil du treuil et du chevalet extérieur qui supporte l'un de ses tourillons.

Fig. 4. Autre vue de profil dans le plan du volant de la machine, et montrant le chevalet qui supporte l'autre tourillon du treuil.

Fig. 5. Vue de face du treuil et de la machine à vapeur.

Ensemble du mécanisme.

Ce plan incliné franchit 5^m de hauteur sur 34^m de longueur, c'est-à-dire une rampe de 147 millimètres par mètre.

La voie a été posée avec beaucoup de soin pour

éviter le glissement des rails, et permettre le garage et l'évitement des wagons. Ainsi, les paliers inférieur et supérieur de la rampe (figure 2) reçoivent chacun deux voies parallèles qui se réunissent au pied et à la tête de la rampe pour se diviser de nouveau et former deux voies V, V', sur lesquelles montent et descendent en même temps les wagons pleins et vides.

Par mesure de prudence, on a ménagé de distance en distance des taquets t que l'on abaisse après le passage des wagons chargés, pour les arrêter à temps dans le cas où la chaîne viendrait à se rompre, et éviter les accidents et les détériorations du matériel.

La machine à vapeur A, de la force de 7 à 8 chevaux, est à changement de marche ; elle est montée sur une charpente en bois G, voisine des paliers P, P' du treuil B sur lequel s'enroule la chaîne C.

Tous les bâtis sont établis sur un béton général, ayant $0^m,50$ d'épaisseur, dans lequel on a noyé les semelles qui servent de base, pour leur donner plus de stabilité.

Le treuil B a 1 mètre de diamètre et $3^m,50$ de longueur ; il est composé de bois, de fonte et de fer, et porte une rainure hélicoïdale pour guider l'enroulement de la chaîne.

La chaîne fait trois tours sur le treuil ; elle est soutenue de distance en distance sur des galets g qui la garantissent contre une usure trop rapide, en l'empêchant de traîner sur le gravier.

La manœuvre se fait en accrochant en même temps 3 wagons vides en haut de la rampe, et 3 wagons pleins au bas, à l'autre extrémité de la chaîne ; de cette manière, il y a équilibre entre le poids des wagons descendants et celui des wagons ascendants diminués de leur charge, et la machine n'a d'autre résistance à vaincre que celle qui est représentée par la mise en train et le poids du gravier à élever.

Travail produit.

Dans les circonstances où nous avons installé cet appareil, la traction s'est faite avec la plus grande facilité, et l'on a souvent monté 1,200 mètres cubes par jour, soit 100 mètres cubes à l'heure, représentés par 40 wagons pleins.

Le mètre cube de gravier pesant environ 1,800^k, et la hauteur du plan incliné étant de 5 mètres, il en résulte que le travail produit en une heure par la machine est de

$$100^{m3} \times 1800^k \times 5^m = 900,000 \text{ kilogrammètres.}$$

Les manœuvres diverses et l'accrochage des wagons demandaient un peu plus de la moitié du temps. En admettant donc que la machine exécutait son travail en 2,000 secondes, on arrive à un effet utile de

$$\frac{900,000}{2,000 \times 75} = 6 \text{ chevaux.}$$

Le reste de la puissance était absorbé par les frottements divers.

Prix de revient.

Béton de fondation, 50^{m3} à 10 fr.................	500 fr.
Installation de la charpente du treuil et des machines. —20^{m3} de sapin et de chêne, à 100 fr.	2,000
Machine à vapeur, chaudière, accessoires, transmission et treuil.......................	12,000
Chaîne, galets, pose des voies, etc...........	2,500
Total.....	17,000 fr.

Calculé sur 100,000^{m3}, et en tenant compte de l'amortissement de la moitié des frais d'installation, le prix de revient du mètre cube élevé a été de 0 fr. 14.

GRUE A VAPEUR

PLANCHES IX ET X

Cette autre machine élévatoire, imaginée et construite il y a une douzaine d'années par M. Crepet de Chalon-sur-Saône, avait été déjà améliorée par M. Jacquelot avant notre association. Depuis 1856 nous y avons encore apporté des modifications importantes, qui en font actuellement un appareil à peu près complet.

Cet appareil présente de grands avantages dans ses applications ; il ne demande pas beaucoup de temps pour son installation, et n'exige pas de grands échafaudages, surtout lorsque la hauteur à laquelle il doit fonctionner ne dépasse pas 8 mètres. Cependant l'expérience a démontré qu'il permet d'élever facilement les fardeaux à une plus grande hauteur, tout en fournissant d'excellents résultats.

Une grue de ce genre est établie près Paris, à Saint-Denis, pour la fourniture du ballastage des lignes de Creil et de Soissons, et la hauteur à laquelle elle fonctionne est de $11^m,50$, représentant la différence de niveau entre la Seine qui fournit les matériaux et les rails de la voie de service. Elle est installée au bord du fleuve, sur une estacade en

charpente sous laquelle passent le chemin de halage et la rue des Poissonniers, et qui aboutit à un
remblai établi en rampe de $0^m,01$, lequel vient se
raccorder à la station de Saint-Denis, par une voie
courbe de 400 mètres de rayon.

C'est au pied de cette estacade que les bateaux
viennent, d'une distance de 2 kilomètres en aval,
apporter les caisses chargées des matières draguées. Ils sont remorqués par deux bateaux à
vapeur et par un remorqueur fixe, également à
vapeur. Une fois les matériaux élevés, ils sont
transportés sur la ligne de remblai par des machines locomotives. Un réseau de garage donnant
accès à la remise des locomotives, ainsi qu'aux
ateliers, sert en même temps à amener les wagons
sous la grue et à former, après le déchargement des
caisses, les trains de wagons pleins.

PLANCHE IX.

Fig. 1. Élévation de la grue vue de profil, avec
section transversale d'un bateau-porteur.

Fig. 2. Vue de face du côté de la rivière, avec
vue perspective du système de déchargement des
caisses dans les wagons.

PLANCHE X.

Fig. 1. Vue partielle de profil du même appareil, indiquant à une plus grande échelle tous les détails du mécanisme.

Fig. 2. Section horizontale faite au-dessus de la chaudière et de la machine à vapeur.

Fig. 3. Vue partielle de face.

Fig. 4. Section verticale partielle, suivant la ligne XY de la figure 3.

Fig. 5. Plan partiel de la crémaillère et du rail circulaire sur lequel l'appareil roule en pivotant.

Fig. 6 *et* 7. Élévation et coupe transversale de la poulie du frein.

Détails de la charpente.

La grue est établie sur une plate-forme en charpente A (planche IX), assemblée sur une batterie de pieux B dont la rangée antérieure plonge dans le lit même du fleuve, et dont les autres sont enfoncés dans le talus des berges. Cette plate-forme se prolonge jusqu'au remblai qui conduit à la gare, en s'appuyant de distance en distance sur des tréteaux disposés en forme de palées.

Le mécanisme est disposé sur une table H, reliée à la flèche G par de nombreuses pièces de bois *a*, et le tout, supporté par un pivot en acier F, est destiné à prendre un mouvement giratoire autour de l'arbre C qui porte ce pivot.

L'arbre C en bois de chêne, traversant librement la table H, est monté sur deux semelles en croix D qui reposent sur quatre pilots spéciaux, et est solidement maintenu dans la verticale au moyen de quatre jambes de force E. Sa partie supérieure est coiffée d'une pièce de fonte qui porte le pivot F.

Afin de mieux équilibrer la charge, quatre tirants en fer *b*, partant des quatre angles de la table H, viennent se réunir sur la flèche G, en un point situé dans le prolongement de l'axe de l'arbre C.

Enfin, la table H est munie au passage de l'arbre C de deux forts galets W (figure 2, planche X), dont la rotation sur cet arbre, garni en cet endroit d'une frette en fer, favorise le mouvement giratoire de la machine sur le pivot F.

Mécanisme du treuil.

Nous n'insistons pas sur le mécanisme du treuil, que l'inspection seule des figures suffit pour faire comprendre.

La charge est suspendue à une poulie mouflée L (figure 1 et 2, planche IX), au moyen d'un fléau K muni de deux chaînons à chaque extrémité.

Le tambour M (voir planche IX et X) autour duquel s'enroule la chaîne I, est formé de douves en bois assemblées sur des croisillons en fonte. Sa surface cylindrique est entaillée par une rainure hélicoïdale, qui reçoit les spires de la chaîne et dont les bords sont garnis de plates-bandes en fer qui ont pour effet de prévenir une usure trop rapide. Il tourne dans une ouverture ménagée dans la table H, sous laquelle sont fixés les coussinets de son axe de rotation.

Le mouvement est imprimé à cet axe par le moyen des deux arbres x, y (figure 2, planche X), dont le premier est commandé par la bielle de la machine à vapeur, et à l'aide des pignons et roues Q, P, Q', P'.

N est un frein composé d'une bande de tôle garnie de bois par-dessous, qu'on serre à volonté au moyen de la vis à manivelle q contre une poulie venue de fonte avec l'engrenage P' calé sur l'axe du tambour M. Ce frein sert à modérer la vitesse de déroulement de la chaîne, lorsqu'on descend les caisses vides pour les replacer dans le bateau. Dès qu'on le manœuvre on rend le tambour indépendant, au moyen d'un manchon de débrayage dont est muni le pignon Q', et qu'on fait mouvoir à l'aide du levier l.

Machine à vapeur et travail produit.

La chaudière S de la machine est tubulaire avec foyer intérieur; sa surface de chauffe est de 22 mètres carrés, et son poids, qui est d'environ 3500 kilogrammes, est utilisé pour équilibrer en partie les efforts divers exercés sur le pivot qui sert d'axe de rotation à la grue.

Le cylindre g de la machine à vapeur est posé sur une plaque de fondation en fonte doublée de tôle, qui est boulonnée sur la table H. Les données principales sont celles-ci :

Diamètre du piston. . . . . . $0^m,21$.
Surface correspondante. . . . 346 cent. carrés.
Pression effective de la vapeur. 5 atmosphères.
Course du piston. . . . . . . $0^m,50$.

Les rapports des pignons aux roues donnent les vitesses suivantes aux arbres qui les supportent :

La machine marchant à 80 tours par minute, l'arbre intermédiaire y en fait 30,22 et l'arbre du treuil 7,50.

Le tambour M ayant un diamètre extérieur de $1^m,04$, la chaîne a une vitesse de

$$1,04 \times 3,14 \times 7,50 = 24^m,49, \text{ soit } 24^m,50 \text{ par minute.}$$

La caisse chargée de $2^{m3},50$ de gravier, c'est-à-dire d'un poids de 5000 kilog. environ, s'élève, par suite du mouflage de la poulie, avec une vitesse moitié moins grande, c'est-à-dire à raison de $12^m,25$.

D'où il résulte que le travail utile de la machine à vapeur est de

$$\frac{5,000^k \times 12,25}{60 \times 0,75} = 13\ \text{1/2 chevaux environ.}$$

La chaîne, en fer de bonne qualité de 24 millim. de diamètre, se trouve dans des conditions de résistance convenables pour élever la charge, puisque avec une section de 904 millim., on supporte un effort de 2500^k ou de $2^k,50$ environ par millimètre carré.

Petit-Cheval.

Le petit-cheval vapeur de la grue est spécialement destiné à lui imprimer son mouvement giratoire. Appliqué pour la première fois en 1857, il constitue l'un des plus importants perfectionnements apportés à l'appareil; car, dans le principe, il ne fallait rien moins que 6 à 7 hommes pour produire le même travail, et cela dans des conditions de lenteur, d'embarras et de dépenses qui constituaient un défaut capital.

Cette petite machine, de la force de 1 ½ cheval, est montée sur la traverse antérieure de la table H (figures 2 et 3, planche X). Elle commande, au moyen du pignon p et de la roue r (voir le détail de la figure 4, planche X), un galet n placé sous cette table et roulant sur un rail circulaire U dont l'arbre C occupe le centre.

Ce rail supporte une partie de la charge enlevée par la grue, et soulage par conséquent l'arbre C d'une partie de l'effort qu'il subit. Près de lui, et concentriquement à la courbe qu'il décrit, est une crémaillère en fonte j (figures 1, 2 et 5, planche X), avec laquelle engrène le pignon t venu de fonte avec le galet n. Cette disposition a pour but d'assurer la rotation régulière de l'appareil, et de la rendre indépendante du plus ou moins d'adhérence du galet.

Le rail et la crémaillère sont placés sur un double platelage en bois de chêne bien boulonné sur la plate-forme A; ils concourent à maintenir la stabilité de tout l'appareil.

Pour compléter l'emploi du petit-cheval, on a monté sur le côté une pompe de secours pour alimenter la chaudière; on peut la faire fonctionner sans mouvoir la grue, en débrayant le pignon placé sur l'arbre de la manivelle.

Manœuvre de la grue.

En raison de la facilité que présente cette machine de tourner sur elle-même à volonté, les bateaux qui amènent les caisses pleines S′ peuvent s'approcher indifféremment d'un côté ou de l'autre de la plate-forme A (figure 1 et 2, planche IX). La manœuvre s'opère de la manière suivante :

Aussitôt qu'une caisse pleine est accrochée à la chaîne, on fait mouvoir le tambour M en embrayant le pignon Q′ et en mettant la machine à vapeur en marche. L'ascension se continue pendant que le mouvement giratoire commence, pour ne s'arrêter que lorsque l'avant de la caisse est parvenu sous la barre d'arrêt h du déversoir i; à ce moment, quelques coups de piston continuent à soulever l'arrière, de telle sorte que la caisse bascule et se vide sur le déversoir, d'où le gravier tombe dans les wagons qui doivent le conduire à destination.

La caisse vide, on ramène la grue à sa position initiale, on débraye le pignon Q′, et la caisse vide redescend dans le bateau par son propre poids, pendant que le tambour M se déroule sous l'action modératrice de son frein.

Maintenant si l'on veut se rendre compte du

nombre de caisses de gravier que l'on peut dé-
barquer en une heure, et par suite en un jour, le
calcul en est facile en prenant comme éléments la
vitesse d'ascension déterminée plus haut, ainsi que
le temps exigé par les différentes manœuvres.

Or, nous avons vu que cette vitesse était de
$12^m,25$ par minute ; par conséquent, le temps
dépensé pour atteindre la hauteur totale de 13^m,
sera de... 63″

L'arrêt pour basculer une caisse est de.......... 10″

Retour de la grue et descente de la caisse vide .. 20″

Décrochage de la caisse vide et accrochage d'une
caisse pleine..................................... 25″

Total...... 118″

ou en nombre rond 2′ pour une caisse, ce qui fait 30 en 1 heure,
et 360 en 12 heures.

Une caisse cubant $2^{m3},50$, le cube total élevé est
de 900 mètres.

Pour des hauteurs de 6 à 7 mètres on est arrivé
souvent à élever jusqu'à 100 mètres cubes par
heure.

Prix de revient.

La charpente d'installation de la grue et des
voies de service qui desservent les abords varie
nécessairement suivant les circonstances, telles
que la configuration du sol, la hauteur à laquelle on doit élever les matériaux, etc. Néanmoins, on peut l'évaluer en moyenne à...... 10,000 fr.
Grue proprement dite, machine, chaudière,
transmission, petit-cheval, etc............. 18,000
Pièces de rechange et agrès divers... 2,000

Total..... 30,000 fr.

Le mètre cube élevé est revenu au prix de 0 fr. 20,
calculé sur 200,000^{m3} et en tenant compte de l'a-
mortissement de la moitié des frais d'installation.

APPAREILS DIVERS

APPAREILS DIVERS

REMORQUEUR FIXE A VAPEUR

PLANCHE XI

Les remblais de la gare de Perrache, à Lyon (ligne du Bourbonnais), de Saint-Clair et de Culoz, pour le chemin de fer de Lyon à Genève, ont été empruntés au lit du Rhône, en des endroits où le courant atteint jusqu'à 3 mètres de vitesse par seconde.

Le mauvais état du chemin de halage et l'encombrement causé par la navigation qui est très-active, rendant la traction par chevaux très-difficile, sinon impossible, nous nous sommes décidé à établir entre la drague et les estacades un système de remorqueur fixe à vapeur, pour amener les bateaux porteurs des déblais.

Fig. 1. Section verticale du bateau remorqueur suivant la ligne brisée XY de la figure 2.

Fig. 2. Vue en-dessus.

Fig. 3. Coupe transversale suivant WZ de la figure 2.

Fig. 4. Autre coupe transversale suivant UV de la même figure.

B, est une plate-forme partant du milieu du bateau et s'étendant jusqu'à l'arrière; elle reçoit la machine à vapeur ainsi que tous les organes du mécanisme.

La machine à vapeur M, de la force de 11 chevaux environ, est horizontale et à détente variable; elle est munie d'un changement de marche commandé par un secteur de Stephenson.

Les tambours T, T' sont formés de douves en bois assemblées sur des croisillons en fonte; ils ont 1^m,50 de diamètre, sur 1^m,50 de longueur entre les joues. Ils reçoivent le mouvement de la machine à vapeur, l'un T' au moyen du pignon P' et de la roue R', l'autre T par l'intermédiaire de la roue R et des deux pignons P et P'' qui lui permettent de marcher en sens inverse.

Les pignons P et P' se débrayent à volonté à l'aide des leviers *l, l'*, afin de permettre de n'employer que l'un ou l'autre des tambours.

Le bateau jauge de 30 à 40 tonnes, et la chaudière est placée sur l'avant, de manière à équilibrer autant que possible la charge de tout le mécanisme.

Les câbles sont en fil de fer. Un guide D, composé de deux galets verticaux et d'un troisième horizontal, maintient le câble qui travaille et, en facilitant son enroulement, empêche les secousses de se produire. Ce guide est attaché à droite et à gauche à une corde sans fin C s'enroulant sur un petit treuil *t*, et glisse, suivant la position du câble, le long d'un banc à rainure J qu'il parcourt sous la commande du volant V calé sur l'axe du petit treuil.

Résultats obtenus.

Le système de remorqueur que nous venons de décrire remontait, dans l'un des endroits les plus difficiles du Rhône, un train de 4 bateaux jaugeant chacun 30 tonneaux. La distance à parcourir était de 500 mètres et s'effectuait en 10 minutes. Le travail moyen était de 80 bateaux par journée de 10 heures.

Ces résultats démontrent le parti qu'on peut tirer de cet appareil dans les conditions que nous venons de rapporter. Pour une traction sur une longueur de 1000 mètres, le remorqueur fixe pourrait être encore employé avec quelque succès ; mais au delà, il cesserait d'être avantageux et devrait faire place au toueur à chaîne immergée.

Le rapport des pignons aux roues qui commandent les tambours est de $\frac{1}{5}$.

Le piston de la machine à vapeur a $0^m,20$ de diamètre et $0^m,60$ de course. La machine fait en moyenne 55 tours par minute.

La chaudière est tubulaire, à foyer intérieur, et présente une surface de chauffe de 14 mètres carrés environ. La pression effective est de 5 atmosphères. Il résulte de ces données que le treuil sur lequel s'enroule le câble marche à une vitesse de

$$1,50 \times 3,14 \times \frac{55}{5} = 51^m,80 \text{ par minute,}$$

soit par heure 3108 mètres,

et que l'effort exercé sur le câble, en appliquant toute la puissance de la machine de 11 chevaux, est égal à

$$\frac{11 \times 75 \times 60}{51,80} = 957 \text{ kilog.}$$

Le diamètre de ce câble étant de 18 millimètres, ce qui correspond à une section de 254 millimètres carrés, l'effort supporté par millimètre carré est donc de

$$\frac{957}{254} = 3^k,76.$$

Prix de revient.

Bateau remorqueur en sapin.................. 1,500 fr.
Machine à vapeur, chaudière, accessoires...... 8,000
Treuils, transmission, installation............ 4,000
Cordages, pièces de rechange................ 2,500

Total...... 16,000 fr.

Le prix du mètre cube remorqué à la distance de 500 mètres, en amortissant la dépense sur un transport de 500,000^{m3}, a été de· 0 fr. 126, soit 0 fr. 025 par 100 mètres parcourus.

SONNETTE A VAPEUR

PLANCHE XII

Cette sonnette a été construite spécialement pour l'enfoncement des pieux et palplanches d'enceintes destinées à protéger la fondation des ouvrages d'art construits dans la gare d'eau, pour le raccordement du chemin de fer du Bourbonnais à la gare de Perrache (Lyon).

Les pieux enfoncés avaient de 8 à 10 mètres de hauteur, sur 25 à 35 centimètres d'équarrissage; les palplanches, 6 à 7 mètres de longueur, sur 10 à 12 centimètres d'épaisseur.

La machine est installée sur un bateau jaugeant 40 tonnes environ, ponté de façon à obtenir
une plate-forme sur laquelle sont montés tous les
organes moteurs et s'exécutent les différentes
manœuvres. Quatre treuils, disposés deux à l'avant
et deux à l'arrière, servent à faire virer le bateau
à droite ou à gauche suivant les exigences du
travail.

Fig. 1. Vue longitudinale du bateau et des
machines qu'il porte.

Fig. 2. Vue en-dessus.

Fig. 3. Coupe transversale passant par la ligne
XY de la figure 1.

Fig. 4. Vue perspective du frein et du système
de débrayage de l'un des treuils.

Fig. 5, 6, 7, 8, 9, 10 et 11. Détails de deux
systèmes de moutons en fonte et en bois et du
mode de déclic employé.

Description de la charpente.

Les montants jumeaux *j*, descendant verticalement un peu au-dessous du niveau de l'eau, sont
placés en dehors et sur le côté du bateau, à une
distance de la coque suffisante pour permettre au
mouton de passer entre eux et cette coque; cette disposition dispense d'employer de faux pieux, dont

l'emploi est toujours nuisible à l'effet du battage. Deux rainures ménagées à l'intérieur de ces montants et en regard l'une de l'autre, servent de guide au mouton qui y est engagé par ses deux oreilles, ainsi que l'indique la figure 8 représentant une section horizontale faite au-dessus du mouton.

Les contre-fiches c, c' et l'échelle E portant sur le pont du bateau, soutiennent les montants j et les maintiennent solidement dans une position verticale.

Description de la machine et du mécanisme.

Une machine locomobile M, de la force de 4 chevaux environ, est placée sur la plate-forme dans une direction perpendiculaire au grand axe du bateau, et met en mouvement les treuils T, T', dont les câbles passent sur des poulies placées en haut des montants j.

Le treuil T, destiné au levage du mouton N, reçoit son mouvement à l'aide de la roue r et du pignon P calé sur l'arbre du volant. Sur son axe sont placés un manchon de débrayage d que l'on fait fonctionner après chaque chute du mouton, et un frein f destiné à ralentir au besoin la descente de la corde et de la pince qui viennent rejoindre le mouton après sa chute (voir le détail, figure 4).

La hauteur de la chute est variable. On la règle à volonté, en tirant sur la corde K fixée au levier à contre-poids L qui produit le décliquetage du mouton.

Le treuil T' sert à lever les pieux pour les mettre en fiche; il est commandé par les roues r, r', dont la dernière se débraye après la mise en place du pieu pour laisser fonctionner librement l'autre treuil.

Le mouton en fonte N pèse 550^k; il est muni sur toute sa hauteur de deux oreilles, qui glissent dans les rainures des montants jumeaux j (voir figures 5, 6 et 8). En-dessus il porte un anneau en fer claveté dans sa masse, par lequel la pince le saisit pour l'enlever.

Les figures 5, 6, 7 et 9 représentent la pince et le levier qui la fait mouvoir.

Fig. 5. Section verticale de la pince faite par un plan parallèle à celui de la figure 1, et représentant le mouton accroché.

Fig. 6. Vue de face représentant le mouton échappé.

Fig. 7. Section verticale faite par l'axe dans un plan perpendiculaire à celui de la figure 6.

Fig. 8. Section horizontale perpendiculaire au plan de la figure 6.

Cette pince est placée dans une espèce de boîte B, armée de deux oreilles qui lui permettent de suivre la même voie que le mouton. Elle se compose de deux leviers supérieurs *n*, réunis à l'anneau O où vient s'attacher le câble *b* du treuil T par un système de boulon autour duquel ils peuvent tourner. Deux autres leviers *l*, réunis en un point *m* qui est fixé à la boîte B et leur sert d'axe de rotation, se recourbent à la partie inférieure pour constituer les mâchoires de la pince. Les quatre leviers *n* et *l* sont réunis deux à deux par des articulations mobiles *o*, dont les axes se meuvent dans des fentes circulaires ménagées dans les parois de la boîte, et ayant pour centre le point *m*. Sur un même axe traversant la boîte entre les leviers *n*, sont fixés extérieurement un levier à contre-poids L muni d'une corde K pour le manœuvrer, et intérieurement un petit moulinet Z, dont les bras sont destinés à agir contre les leviers *l* prolongés pour faire ouvrir la pince. Les choses sont disposées pour qu'en l'état de repos, c'est-à-dire quand le mouton est accroché et tient la pince fermée par son poids, le levier L soit placé horizontalement et le moulinet verticalement. Cela posé, on comprend qu'on n'a qu'à tirer la corde K pour produire le décliquetage du mouton, puis on la lâche aussitôt, et le levier L ramené dans sa position horizontale par son contre-poids fait refermer la pince, qui descend avec le câble, par le propre poids de la boîte B, pour rejoindre et saisir le mouton.

Les figures 10 et 11 représentent une élévation et une vue en-dessous du mouton N' qui a été employé pour l'enfoncement des palplanches. Il est en bois ferré pesant environ 400 kilogrammes, et a été disposé pour effectuer le battage en dehors des montants jumeaux j. L'emploi du bois a pour effet de diminuer la violence des chocs par suite de l'élasticité de la matière qui, dans ce cas, est moins exposée à fendre les palplanches qu'un mouton en fonte.

L'appareil ainsi monté permet, avec une chute moyenne de 4 mètres, de donner 5 coups de mouton par minute, travail qui absorbe une force de

$$\frac{4 \times 5 \times 550}{60 \times 75} = 2 \, \tfrac{1}{2} \text{ chevaux.}$$

Les pertes produites par les intermittences expliquent la différence qui existe entre la force dépensée et la puissance de la machine.

Prix de revient.

Bateau de 40 tonneaux en sapin	1,500 fr.
Machine locomobile	3,500
Treuils, transmission, frein, etc.	1,200
Sonnette montée avec ses poulies, moutons, pince, cordages.	1,800
Plate-forme du bateau et montage, treuils de manœuvre du bateau, cordages, etc.	2,000
TOTAL	10,000 fr.

La dépense étant de 80 fr. par jour, y compris l'amortissement, en une année, de la moitié de la valeur du matériel, et le nombre de pieux battus à 4 mètres de fiche étant en moyenne de 12 par jour, il s'ensuit que le battage revient à 6 fr. 66 par pieu.

MACHINE A SABOTER LES TRAVERSES DE LA VOIE VIGNOLE

PLANCHE XIII

La voie ferrée avec rails du système Vignole se compose de rails à un seul champignon avec base plate d'une grande largeur (10 centimètres), reposant directement, sans l'intermédiaire de coussinets, sur les traverses en bois entaillées pour les recevoir.

Ces rails sont fixés sur chaque traverse au moyen de deux clous ou crampons. Les traverses de joint qui supportent les bouts de deux rails consécutifs reçoivent quatre crampons (1).

Ce système qui commence à se généraliser, présente certains avantages en raison, non-seulement de l'économie qui résulte de la suppression des coussinets, mais encore de la diminution des frais d'en-

---

(1) Sur la ligne de Soissons on a récemment remplacé les crampons par des tire-fonds.

tretien et de l'amélioration de la traction qui semble
se faire d'une manière plus douce. Toutefois les entailles que doivent recevoir les traverses, et les trous
destinés aux crampons demandent à être pratiqués
avec un soin particulier; car de leur régularité
dépend le parallélisme des rails.

Jusqu'ici ce travail se faisait à la main et se con-
trôlait au moyen de gabarits; mais il laissait à
désirer au point de vue de la précision, qui ne présentait pas toutes les conditions de perfection dési-
rables. Nous avons donc cherché à remédier à ce
défaut de régularité, et nous y sommes parvenu à
l'aide d'une machine dont le travail parfaitement
uniforme assure, d'une manière certaine, la régularité de la pose.

Cette machine, que la planche XIII représente, a
donné les meilleurs résultats pour le sabotage des
traverses des lignes de Chantilly et de Soissons, sur
lesquelles nous avons exécuté une grande partie
de la pose des rails.

Fig. 1. Vue de profil de l'ensemble de la
machine.

Fig. 2. Plan.

Fig. 3. Section transversale partielle suivant XY
de la figure 2.

Fig. 4. Vue de bout du côté opposé à la
chaudière.

Fig. 5 et 6. Élévation et section transversale d'un porte-rabots.

Fig. 7, 8, 9, 10. Détails des appareils à percer les trous des traverses.

Description du mécanisme.

Tout le mécanisme est établi sur un truck de wagon, de 5^m environ de longueur, qui porte à l'une de ses extrémités une machine à vapeur locomobile A de la force de 4 chevaux.

Cette machine met en mouvement, au moyen d'une courroie 1, un arbre B placé entre les essieux du truck, lequel commande également par des courroies 2 et 3, d'une part l'arbre V qui porte les rabots, et d'autre part l'arbre Q qui fait tourner les mèches chargées de percer les trous des crampons.

Au-dessus et en dehors du truck sont fixées, de chaque côté, des glissières G, G' parallèles aux longerons du châssis, sur lesquelles glissent des chariots H, H', qui reçoivent les traverses à entailler et les conduisent vers les outils. Ces chariots, fixés par des chevilles *o* (figure 1) à des chaînes de Gall S passant sur l'arbre *z*, sont entraînés vers les outils au moyen du levier à cliquet *l* qui commande cet arbre. Lorsque après une opération on veut les ramener au point de départ, on défait l'assemblage en enlevant les chevilles o, et on les repousse simplement à la main.

Les rabots R, R' montés sur le même arbre V, à la distance d'écartement de la voie, se composent chacun de deux plateaux en fonte (figures 5 et 6), ajustés et disposés pour recevoir chacun trois lames de rabots r et trois couteaux ou petites lames i, tranchantes à leur extrémité. Les couteaux sont placés entre les lames de rabots et sont destinés à découper dans le bois les copeaux que doivent prendre les rabots qui viennent après.

Entre l'arbre des rabots et l'arbre z qui fait marcher les chariots, se trouvent les appareils à percer, portés par des plaques de fonte T boulonnées de chaque côté et en dehors des longerons du truck. (La figure 7 représente la vue de face de l'une de ces plaques; la figure 8, la vue de profil d'un appareil à percer; la figure 9, la vue de face, et la figure 10, la vue partielle en dessus du même appareil.)

Un appareil à percer les trous se compose de quatre fuseaux n, terminés à leur extrémité supérieure par une mèche m, et ayant leurs axes de rotation reposant sur un plateau h qui, articulé sur une bride mobile x, peut être relevé ou abaissé à volonté au moyen du levier à double contre-poids g. Ces fuseaux portent des pignons p et sont mis en mouvement par un cylindre denté d, dont l'axe b

occupe le centre du système, et qui, tournant dans une crapaudine fixe *u*, est commandé par l'arbre Q au moyen des deux roues d'angle *c, e*.

Afin que les trous soient percés normalement à l'entaille pratiquée par les rabots, on a donné aux fuseaux porte-mèches l'inclinaison de $\frac{1}{20}$, qui est celle du rail.

Manière d'opérer et résultats obtenus.

La figure 1 représente une traverse W dans les différentes positions qu'elle occupe sur le truck, avant et pendant les opérations qu'elle doit subir.

Cette traverse est d'abord glissée à plat sur les rouleaux *a*; deux ouvriers la placent ensuite sur les chariots en lui donnant quartier, c'est-à-dire en la retournant, et l'y assujettissent avec des chaînes, en l'élevant ou l'abaissant, suivant son épaisseur, au moyen des leviers *t* munis de griffes *s*, qui la maintiennent solidement.

Dans cette position la traverse est amenée au droit des rabots au moyen du levier *l*, dont l'action se règle suivant la vitesse de ces outils, qui est de 250 tours par minute; quelques secondes suffisent pour pratiquer les entailles.

Les entailles faites, on continue à faire avancer les chariots jusqu'à ce que la traverse soit arrivée au-dessus des outils à percer; là on l'arrête et la maintient solidement, au moyen d'un cadre mobile k; puis, on laisse agir les fuseaux porte-mèches à la vitesse de 350 tours par minute, et on les élève au moyen des leviers g, à mesure qu'ils pénètrent dans le bois. Vers le milieu de cette seconde opération, on a soin de faire sortir les mèches pour vider les copeaux. Le percement des quatre ou huit trous d'une traverse ne demande pas plus de 10 secondes.

On remarquera, dans les deux opérations que nous venons d'expliquer, que les outils agissent en dessous des traverses et non en dessus, comme il eût été facile de le faire en modifiant légèrement les dispositions; ce mode d'action a été préféré, parce que l'on se débarrasse plus facilement des copeaux qui tombent d'eux-mêmes.

La manœuvre exige, pour un travail moyen de 50 à 60 traverses préparées et chargées sur wagons en 1 heure,

3 ouvriers et un mécanicien chauffeur;

2   —   pour l'approvisionnement des traverses;

2   —   pour le chargement immédiat sur wagon.

Prix de revient.

Truck de wagon tout monté............ ...	1,000 fr.
Machine à vapeur de 4 chevaux............	3,500
Outils de rabotage et de perçage avec transmissions et pièces de rechange..	2,500
Total......	7,000 fr.

Le prix de revient d'une traverse entaillée et percée est de 0 fr. 08 à 0 fr. 10, en supposant l'amortissement de la moitié de la dépense réparti sur 250,000 traverses.

FONDATIONS
DU PONT SUR LE RHIN

FONDATIONS

DU PONT SUR LE RHIN

(PRÈS DE KEHL)

PLANCHES XIV, XV, XVI, XVII, XVIII, XIX

La nécessité de relier le réseau des chemins de
fer français au réseau allemand, a rendu, dans ces
derniers temps, indispensable l'établissement d'un
pont sur le Rhin, entre Strasbourg et Kehl. Il y
a cinquante ans, un pareil travail eût présenté
des difficultés presque insurmontables avec les
seules ressources que l'art des constructions avait à
sa disposition. Mais, depuis lors, de grands perfectionnements ont été introduits, des procédés nouveaux ont été imaginés, et l'on a pu sans crainte,
mais non sans difficultés, entreprendre une œuvre
que son heureuse et rapide exécution permet de
considérer comme un véritable événement pour
l'industrie.

7

L'examen de la question fut confié, au mois de septembre 1857, à une commission internationale composée de délégués des gouvernements français et badois.

Cette commission avait à déterminer le système de construction à employer, l'emplacement et les dispositions particulières à adopter dans l'intérêt commun, tout en sauvegardant les intérêts respectifs. Elle décida en outre que la dépense totale serait supportée, à part égale, par chacune des deux puissances.

Plus tard, la répartition des travaux fut décidée d'un commun accord, et il fut convenu que les ingénieurs français de la Compagnie de l'Est seraient chargés de la construction des piles et des culées du pont, et les ingénieurs badois du tablier et de la superstructure. Une fois les projets arrêtés, chaque administration devait de son côté remplir sa tâche par les moyens qui lui paraîtraient les plus convenables.

Les fondations et en général toutes les maçonneries ont été exécutées, sous la direction de M. Vuignier, ingénieur en chef des chemins de fer de l'Est, par M. Fleur-Saint-Denis, ingénieur principal chargé des études et des travaux, secondé par MM. Defrance et Joyant, chefs de section. M. Maréchal, inspecteur du matériel de la compagnie, a dirigé l'installation et le service des machines soufflantes (1).

La superstructure du pont est confiée à MM. Keller, ingénieur en chef du gouvernement badois, et de Kageneck, ingénieur ordinaire chargé des travaux.

La tâche qui incombait aux ingénieurs français n'était pas la moins lourde, en raison des difficultés sérieuses que présentaient les travaux de fondation. En effet, au point choisi pour relier les deux rives du Rhin, le fleuve est très-rapide et il est sujet à des crues fréquentes, dont la violence a généralement pour effet de déplacer les bancs de gravier mouvant dont son lit est formé jusqu'à une profondeur considérable. En conséquence, on décida qu'on descendrait les fondations jusqu'à 20 mètres de profondeur, afin d'obtenir des garanties suffisantes contre les affouillements.

En présence de pareils obstacles, et dans l'impossibilité de se servir d'aucun des procédés employés jusqu'ici pour fonder les piles de pont, on résolut de recourir à un système qui ne laissait pas que d'être proportionné à la grandeur de

---

(1) M. Mesmer, directeur de l'usine de Graffenstadt, a construit les caissons; MM. Venger ont exécuté les maçonneries, et MM. André et Gœrner de Strasbourg ont fait les travaux de charpente du pont de service ainsi que les échafaudages.

l'entreprise : nous voulons parler du système de fondation tubulaire au moyen de l'air comprimé. Cette méthode a déjà été appliquée lors de la construction des ponts de Lyon, de Moulins, de Mâcon, de Culoz, etc. (1) ; mais les résultats obtenus avec l'emploi des tubes en fonte ont laissé encore à désirer, et les difficultés qu'on a rencontrées dans ces différentes opérations ont démontré que le système tubulaire n'était pas complétement satisfaisant.

Il était donc indispensable de chercher un nouveau mode d'application de l'air comprimé, à la fois plus commode et plus expéditif. Or, le problème vient d'être résolu par l'emploi de caissons en tôle imaginés par M. Fleur-Saint-Denis, et par l'application que nous avons faite de dragues manœuvrant d'une manière indépendante. Ces dispositions, d'un genre entièrement nouveau, ont en effet complétement rempli le but qu'il s'agissait d'atteindre.

Description générale.

Le pont entièrement en fer et fonte, et d'une longueur totale de 225 mètres entre les culées,

___

(1) Il y a environ quinze ans que le système de fondation par l'air comprimé est connu. Il a été imaginé par un Français, M. Triger, qui en a fait la première application dans les terrains aquifères des alluvions de la Loire.

est à deux voies avec passerelle de 1ᵐ,50 de chaque
côté pour les piétons. Il se compose d'une partie
fixe de trois travées mesurant 56 mètres d'ouverture chacune, dont le tablier est porté par trois
poutres en treillis. Aux extrémités sont deux parties
mobiles ou ponts tournants, dont la volée vient
s'appuyer sur les piles-culées de la partie fixe, et
dont la manœuvre doit s'exécuter de chacune des
rives, de manière à permettre d'isoler à volonté la
partie fixe et d'interrompre ainsi le passage et la
circulation.

La largeur des passes navigables de ces ponts
tournants sera de 26 mètres, leur volée de 30
mètres, et leur longueur totale de 60 mètres.

Les deux piles intermédiaires de la partie fixe
ont en fondation 17ᵐ,40 de longueur, sur 7 mètres
de largeur ; les piles extrêmes ont la même largeur,
sur 23ᵐ,200 de longueur. Elles sont toutes quatre
descendues à 20 mètres au-dessous de l'étiage.

Les culées des rives sur lesquelles sont assis les
ponts tournants sont fondées à 12 mètres au-
dessous de l'étiage et ont 12 mètres de largeur, sur
14 mètres de longueur.

Un travail aussi important et d'une exécution
aussi délicate, nécessitait des travaux d'installation
considérables.

Un pont de service en charpente a d'abord été

jeté sur le Rhin, latéralement à l'emplacement du
pont définitif ; il porte deux voies de service qui
se relient, au moyen de plaques tournantes, avec
d'autres voies perpendiculaires aboutissant aux
échafaudages des piles.

Ces échafaudages se composent de deux planchers superposés à 4^m,40 de distance. Celui d'en
haut reçoit les voies qui sont en communication
avec le pont de service ; l'autre sert pour les manœuvres des maçons employés à la construction
des piles.

Ces préparatifs, commencés au mois d'octobre
1858, ont été conduits avec une célérité telle qu'ils
ont pu être terminés dans le courant du mois de
janvier suivant. Quant au travail proprement dit des
fondations que nous avons exécuté, il n'a été entre-
pris que dans le courant de février 1859, et, avant
la fin de la même année, les quatre piles du milieu
étaient à fond. Voici sommairement par quels moyens
on a pu, dans un aussi court espace de temps, arriver
à ce résultat remarquable.

Quatre grands caissons en tôle fortement contre-
ventés et ouverts par le bas, sont construits et disposés les uns à côté des autres sur le plancher
inférieur des échafaudages dont il vient d'être
question. Leurs dimensions principales sont : 7 mètres de largeur, 5^m,80 de longueur et 3^m,40 de

hauteur; leurs parois verticales, destinées à pénétrer dans le gravier, sont renforcées par une
forte plate-bande en fer.

Chaque caisson est traversé suivant son axe par
une cheminée verticale en tôle, descendant jusqu'au
bas et réservée pour le passage d'une chaîne à
godets, qui doit extraire et remonter au jour les
déblais provenant du lit du fleuve. Il est en outre
surmonté de deux autres cheminées de plus petit
diamètre, qui sont en communication avec sa
capacité intérieure et par lesquelles doit arriver
l'air comprimé fourni par des machines soufflantes.
Ces deux cheminées établissent la communication
de l'intérieur à l'extérieur des caissons au moyen
d'écluses ou sas à air dont elles sont surmontées.

Cela posé, on relie les caissons par des boulons
ou des rivets, de manière à les rendre parfaitement
solidaires; on les soulève ensuite à l'aide d'un système de verrins puissants; on enlève la partie centrale du plancher qui les supporte, puis on les
immerge jusqu'à ce que leur partie supérieure soit
à peu près à fleur d'eau. C'est à ce moment que l'on
commence à établir au-dessus de la maçonnerie, dans
laquelle on ménage les trois vides nécessaires au
passage des cheminées, et on continue à l'élever à
mesure que les caissons descendent. Pendant cette
opération, on ajoute des longueurs aux trois chemi-

nées de chaque caisson, de manière à tenir constamment leurs têtes hors de l'eau. Quand les caissons sont arrivés sur le fond du fleuve, on y envoie de l'air comprimé de manière à en chasser l'eau; les ouvriers peuvent alors y descendre pas les cheminées éclusées, et, à l'aide de pioches, ils désagrégent le gravier et le font rouler à l'entrée des cheminées dans lesquelles manœuvrent les dragues. A mesure que les déblais arrivent au jour, on desserre les verrins pour faire descendre les caissons, et en même temps on continue à élever la maçonnerie qui doit rester sensiblement au même niveau au-dessus de l'eau.

Dans l'origine des travaux, on avait eu le projet de descendre les caissons séparément; aussi avait-on réuni ceux de la première pile-culée seulement par quelques boulons qu'on devait enlever après l'immersion. Cependant on essaya d'opérer le fonçage sans les découpler, et les résultats de cet essai furent tellement satisfaisants, que pour les trois autres piles, non-seulement on les réunit complétement, mais encore on ménagea entre eux des ouvertures établissant des communications de l'un à l'autre.

PLANCHE XIV.

Fig. 1. Vue en-dessus des quatre caissons assem-

blés, prise au niveau du plancher supérieur de
l'échafaudage, et montrant seulement, à une grande
échelle, la disposition des verrins et leur mode d'assemblage pour commander la descente du système
dans l'eau.

PLANCHE XV.

Fig. 1. Plan de tout l'ensemble pris en-dessus
du plancher supérieur, et montrant les machines à
vapeur, les chaînes à godets, la position des machines soufflantes et des tuyaux à air, ainsi que
les bateaux qui reçoivent le gravier extrait et la
disposition des voies de service. Cette figure est à
une échelle moitié de celle de la planche précédente.

PLANCHE XVI.

Fig. 1. Section verticale suivant la ligne brisée
WXYZ de la figure 1 de la planche XV.

Fig. 2. Élévation d'un verrin et de son levier de
manœuvre.

Fig. 3. Plan de ce verrin.

PLANCHE XVII.

Fig. 1. Section verticale suivant la ligne brisée
I, II, III de la figure 1 de la planche XV.

Fig. 2, 3 et 4. Différentes vues et coupes partielles à une échelle double du système d'attache des tiges de suspension qui relient les caissons aux verrins.

Fig. 1. Section verticale partielle de la cheminée centrale d'un caisson passant par le grand axe, et montrant la chaîne à godets ainsi que la commande du mouvement.

Fig. 2. Autre section verticale partielle de la même cheminée, faite par un plan perpendiculaire à celui de la figure précédente.

Fig. 3. Vue en dessus correspondante à la figure 1.

Fig. 4. Section horizontale suivant la ligne XY de la figure 2.

Fig. 5, 6, 7, 8, 9 et 10. Détails des godets et des maillons de la chaîne.

Dans ces cinq planches, les mêmes objets sont désignés par les mêmes lettres.

Immersion des caissons en tôle.

Nous avons dit que les caissons étaient construits sur le plancher inférieur de l'échafaudage général.

A est ce plancher (figure 1, planche XVI et 1, planche XVII); B le plancher supérieur où se font les manœuvres, et qui porte les voies de service indiquées également sur les planches XIV et XV.

F, est le pont de service provisoire (planches XV et XVI), muni de deux voies avec plaques tournantes, mettant ces voies en communication avec celles du plancher B qui est au même niveau.

Lorsque la construction des caissons est terminée ainsi que leur assemblage, dont les joints sont visibles sur la planche XIV, on commence à les munir de leurs pattes d'accrochage et on installe en même temps, les unes au-dessus des autres, sur le plancher supérieur, les longrines et traverses J, K, pour avoir des points d'appui aussi solides qu'il est possible de les obtenir en porte-à-faux (voir le détail des figures 2 et 4, planche XVII). A cet effet, des blochets L sont posés sur les longrines J et boulonnés solidement sur l'arrière, de manière à équilibrer la charge qu'ils doivent supporter.

Ces blochets sont composés de trois pièces en bois de chêne de $0^m,25$ d'équarrissage, et disposés pour recevoir chacun deux verrins I qui ne fonctionnent qu'alternativement, c'est-à-dire que le second ne commence à agir que quand le premier est à bout de course et réciproquement.

Les chaînes qui relient les caissons aux verrins sont en fer de 40 millimètres de diamètre et formées de maillons doubles M d'une longueur de 1^m,80, égale à celle que peut descendre la partie filetée d'un verrin ; à mesure qu'on descend on ajoute de nouveaux maillons.

Les verrins I (figure 2 et 3, planche XVI), en fer corroyé de 80 millimètres de diamètre, ont 2^m,50 de longueur, et portent, sur une étendue de 2^m,30, un filet de 9 millimètres ; leur partie inférieure est munie d'un œillet de 60 millimètres de diamètre, destiné au passage des boulons d'accrochage et d'assemblage des chaînes.

Les écrous, à chapeau en bronze, présentent à la partie inférieure une rondelle convexe par-dessous, et ayant 50 millimètres d'épaisseur sur 0^m,20 de diamètre ; la partie supérieure est taillée à six pans pour recevoir la clef d'un levier à cliquet. Ces rondelles reposent sur d'autres rondelles t convexes par-dessus, et placées elles-mêmes sur des plaques circulaires en fer s que supportent les blochets L. Il résulte du contact de ces deux surfaces convexes une sorte d'articulation, qui permet à la vis de prendre, sans se détériorer, l'inclinaison que peut lui imprimer la charge combinée avec l'élasticité des points d'appui. Les plaques en fer s ont 0^m,40 de diamètre et 25 millimètres d'épaisseur ; elles servent à répartir la charge sur une surface de bois aussi grande que possible.

Les attaches N des chaînes aux caissons (figures 2, 3 et 4, planche XVII) sont en fer plat de 70 sur 25 millimètres, recourbé à la partie supérieure, et formant une forte patte que l'on fixe avec quatre boulons; leur partie inférieure est engagée dans une mortaise et fixée par deux forts boulons. Les écrous de ces boulons sont à l'intérieur, afin de permettre de les repousser à la fin du travail et d'enlever les chaînes avec leurs attaches. Cette dernière opération, assez bien combinée d'ailleurs, n'a pas toujours réussi : ainsi, on est parvenu à retirer plusieurs chaînes de la pile badoise; mais, à la fin du fonçage, on a dû renoncer à cette manœuvre rendue impossible par la résistance du gravier, et l'on s'est borné alors à enlever les chaînes jusqu'au niveau du sol, à l'aide du scaphandre.

Une fois les seize premiers verrins mis en place, on les règle à la main, d'une manière aussi égale que possible, afin de bien répartir la charge et de remédier aux différences de rigidité des échafaudages; puis on assemble les tringles O (planche XIV) qui servent à relier tous les leviers de manœuvre des verrins placés d'un même côté.

Des treuils P, disposés symétriquement aux extrémités du plancher supérieur et manœuvrés à bras, servent à imprimer un mouvement de va-et-vient uniforme à cet ensemble de leviers qui, à chaque mouvement d'un côté, font tourner tous les écrous d'une quantité égale, et à chaque mouvement de l'autre côté restent sans action sur ces mêmes écrous. On remarquera sur la planche XV que les leviers des verrins sont disposés dans un sens inverse à celui de la planche XIV, et qu'ils ne sont plus assemblés par des tringles. C'est qu'au moment où les caissons sont au fond de l'eau, et que les dragues travaillent pour les faire pénétrer dans le sable, la manœuvre des verrins ne se fait plus qu'à la main.

Le poids des quatre caissons réunis est d'environ 145,000 kilogrammes. Il en résulte que, sur les 32 verrins, les 16 qui travaillent en même temps supportent chacun, avant l'immersion, un effort égal à

$$\frac{145,000}{16} = 9,000 \text{ kilog.}$$

Les verrins, de 80 millimètres de diamètre, étant réduits par les filets à 62, leur section est donc de

$$\left(\frac{62}{2}\right)^2 \times 3,14 = 3,017 \text{ millimètres carrés,}$$

d'où il suit que la charge, par millimètre carré de section, est de 3 kilogrammes environ.

L'immersion des caissons s'est faite avec toute la sécurité désirable, à une vitesse de $0^m,60$ en moyenne par heure.

Lors de la fondation de la première pile-culée, celle du côté de la rive française, on avait placé sur les caissons quatre parois en charpente formant une sorte de cuve, dans laquelle, par-dessus un massif de béton préalablement coulé, on établissait la maçonnerie qui montait à mesure que le système s'enfonçait dans le terrain.

Pour les trois autres piles, on a simplement exécuté la maçonnerie sur les caissons sans aucun revêtement en bois, en formant les parements avec des libages ou des moellons smillés, et en donnant un peu de fruit aux parois verticales. Cette modification a eu pour résultat de diminuer la résistance à la descente produite par les frottements.

La seconde pile-culée, celle de la rive badoise, offrait des difficultés plus grandes que la pile française pour l'immersion des caissons. Le sol sur lequel il s'agissait d'opérer présentait une différence de niveau de $2^m,50$ de l'amont à l'aval, et la profondeur d'eau variait entre 5^m et $7^m,50$.

Enhardi par les résultats qu'avait donnés le fonçage de la première pile, on résolut, pour activer le travail, de descendre les caissons jusqu'à fleur d'eau et d'exécuter immédiatement la maçonnerie par-dessus jusqu'à une hauteur d'environ 2 mètres, pendant qu'on ferait le dragage des parties les plus élevées du sol, et qu'on essaierait d'en combler les plus basses, jusqu'au moment où les caissons venant à toucher le fond on commencerait à y envoyer l'air comprimé. En même temps la cheminée destinée à recevoir la drague fut, non plus construite en tôle comme précédemment, mais en maçonnerie de briques, s'élevant au fur et à mesure de l'enfoncement du système. Ces diverses modifications ont fourni les résultats les plus satisfaisants.

Dans ces conditions, la charge supportée par les verrins et composée

du poids de la maçonnerie....................	616,000 k.
et du poids des caissons.....................	145,000
a été au total de...........................	761,000 k.
desquels on doit déduire le poids du volume d'eau déplacé par la masse, qui est d'environ........	406,000 k.
en sorte que la charge réelle supportée par les verrins est de.............................	355,000 k.

Ce qui donne, pour chacun des 16 verrins travaillant, un effort de 22,200^k environ, ou un peu plus de 7^k par millimètre carré de section.

Dragage dans les caissons.

Ce dragage a été exécuté au moyen de dragues à élinde verticale, analogues à celle que nous avons décrite précédemment, mais présentant néanmoins certaines modifications nécessitées par les circonstances spéciales où l'emploi en a été fait.

Les chaînes à godets D (fig. 1, pl. XV; 1, pl. XVI; 1, pl. XVII, et 1, 2, 3 et 4, pl. XVIII) plongent dans chacune des cheminées centrales C des caissons. Pour les piles-culées qui ont quatre caissons, il y a quatre dragues mises en mouvement par deux machines à vapeur Q de 12 chevaux, établies sur le plancher supérieur. Pour les autres piles, qui n'ont que trois caissons, une seule machine à vapeur a suffi.

La transmission de mouvement s'est faite au moyen de grandes poulies m à gorge garnie de cuir, et de câbles n en fil de fer de 15 millim. de diamètre.

Avec chaque poulie, et sur le même axe, tourne un pignon c qui engrène avec la roue dentée d, laquelle est fixée sur l'arbre des colliers à cames e, qui reçoivent les chaînes à godets.

Les élindes verticales R qui dirigent ces chaînes, descendent librement entre les deux systèmes de galets S (fig. 1, pl. XVIII), fixés à la paroi interne

8

des cheminées C avant l'immersion. Leur longueur, qui est de 8 mètres, suffit amplement aux exigences de ce travail, et permet d'opérer le dragage jusqu'à 3 mètres en contre-bas des caissons. Elles sont réunies au moyen de traverses et de croix de saint André qui, comme les pièces principales, sont garnies de plates-bandes en fer pour éviter l'usure et empêcher les godets de les accrocher. Enfin elles sont terminées à la partie supérieure par deux œillets a, auxquels on attache des cordes en fer destinées à les retirer en cas d'accident; car elles s'enfoncent avec la pile, et, à la fin de l'opération, leurs têtes se trouvent à une profondeur sous l'eau qui varie de 14 à 16 mètres.

Le mécanisme des dragues est établi sur les poutres transversales T, au-dessus du plancher supérieur, de telle sorte que le gravier extrait par les godets peut être envoyé par des couloirs i au dehors des échafaudages, sans gêner le travail des maçons, dont l'atelier est sur le plancher inférieur A. Ces couloirs i (figure 1, planche XV, 1, planche XVII, et 1 et 2, planche XVIII) débouchent directement au-dessus des bateaux qui viennent charger les matériaux et sont mis en rapport avec les dragues par des tabliers inclinés, dont une partie, mobile au moyen du levier l, se lève au passage de chaque godet descendant.

Pour faciliter l'écoulement du gravier, on a établi une circulation d'eau venant d'un réservoir supé-rieur, alimenté constamment par une pompe ins-tallée sur la machine. Cette précaution est surtout nécessaire vers la fin du fonçage, lorsque le gravier devient plus compacte et plus fin.

La capacité des godets est de 50 litres; ils sont espacés de $2^m,50$.

La vitesse des machines étant d'environ 60 tours, l'arbre à cames en fait 6, et la chaîne parcourt $8^m,40$ en 1 minute. Le produit d'une drague devrait donc être par minute de

$$\frac{8^m,40 \times 50}{2^m,50} = 168 \text{ litres},$$

et pour les quatre dragues, de 672.
Soit de $40^{m3},32$ par heure.

Mais les résultats pratiques sont loin d'atteindre ce chiffre, en raison des temps d'arrêt inévitables. En effet, ils ont été les suivants :

Pile-culée française. . .	4870^{m3} en	850 h^{res},	soit	$5^m,72$ par h^{re}.
id. badoise.. . .	4500	—	340	—	13, 23
Pile en rivière française.	3836	—	264	—	14, 53
id. badoise.. . .	3850	—	220	—	17, 50

Ces résultats, que nous donnons suivant l'ordre

d'exécution, indiquent les progrès notables qui ont été réalisés dans le cours de l'opération du fonçage.

Dans ces conditions, la pénétration des caissons à travers le sable a varié de 10 à 12 centimètres par heure ; atteignant 14 centimètres dans les premiers mètres du fonçage, elle diminuait jusqu'à 3 dans les derniers mètres, où la résistance devenait plus considérable. En moyenne elle a été de 7 $\frac{1}{2}$ centimètres par heure.

Le volume de gravier extrait représentait une fois et demie environ le volume déplacé par la pile, sans trop déprimer le sol, ni déranger les pieux d'échafaudage, éloignés seulement de 1^m,50 de la maçonnerie, et bien que le dragage ait été poussé jusqu'à 10 mètres en contre-bas de la fiche de ces pieux, dont l'enfoncement variait de 7 à 10 mètres.

Pour régulariser la descente, quatre ouvriers par caisson, choisis parmi les plus robustes, étaient employés à dégager les parois verticales et à rejeter le gravier dans le puisard formé par la drague. Ils travaillaient 8 heures par jour en deux postes de 4 heures, séparés par un intervalle d'égale durée. Ils descendaient par les cheminées latérales E garnies d'échelles (planches XVI et XVII), et surmontées de la chambre à air H. Les tuyaux par lesquels arrivait l'air comprimé sont indiqués en j sur la planche XV.

Pendant les dix premiers mètres d'enfoncement, il ne s'est produit sur les hommes aucun effet physiologique bien remarquable ; mais dans les six derniers mètres, l'air, comprimé à 3 atmosphères et au-dessus, leur a fait éprouver une sorte de malaise, qui, plus intense chez quelques-uns, les a forcés quelquefois de se faire remplacer avant que la pile fût à fond. Quelques jours de repos ont suffi toutefois pour les remettre de cette indisposition, et leur permettre de recommencer le même travail pour une autre pile.

En résumé, grâce aux moyens énergiques d'exécution, grâce aux perfectionnements qui ont été successivement apportés dans ce travail tout nouveau, on a mis 85 journées de 10 heures pour fonder la première pile, 34 pour la seconde, 26 pour la troisième et 22 pour la quatrième. Ajoutons que nous avons été assez heureux pour arriver au bout de cette grande et difficile opération, sans avoir à déplorer la perte d'un seul ouvrier. Enfin, pour rendre justice à chacun, nous signalons avec plaisir le concours dévoué de M. Hersent, qui nous a secondé dans l'exécution de ces travaux avec une intelligence bien digne d'être appréciée.

Dépenses relatives à l'immersion des caissons et à la conduite d'une pile à 20 mètres de profondeur.

Charpentes spéciales pour support et manœuvre des verrins.	4,000 fr.
Verrins, tiges d'attache, boulons, tringles	14,000
Total	18,000 fr.

Ces agrès ont servi à la descente des 4 piles et peuvent être considérés comme ayant supporté une dépréciation des ²/₃ de la valeur, soit pour chaque pile	3,000
Tiges de suspension et d'accrochage restées dans le sol dans les piles-culées, environ 10,000ᵏ à 0 fr. 80	8,000
Main-d'œuvre de la descente jusqu'au sol et conduite, rallongement des tiges, etc., montage, démontage, entretien	2,000
Total	13,000 fr.

L'installation du dragage a coûté environ 120,000 fr. ; et le prix de revient de l'exécution a été d'environ 20 fr. le mètre cube, en amortissant la moitié du prix du matériel sur 120,000 mètres.

MACHINE SOUFFLANTE

PLANCHE XIX.

La grande quantité d'air comprimé nécessaire au refoulement de l'eau hors des caissons, jusqu'à une profondeur de 20 à 22 mètres et sur une surface de $162^{m2},40$, ce qui équivaut au déplacement d'un volume liquide de $3572^{m3},80$, ayant fait craindre à M. Fleur-Saint-Denis d'être arrêté en cours d'exécution par l'insuffisance du volume d'air, on nous confia l'organisation d'une machine soufflante supplémentaire, destinée à augmenter le travail fourni par les premières machines.

La planche XIX représente cette machine, installée sur bateau, afin que le transport en soit facile d'une pile à l'autre.

Fig. 1. Section verticale faite parallèlement au grand axe du bateau.

Fig. 2. Section transversale faite à l'avant du bateau.

Fig. 3. Vue en dessus, la charpente qui recouvre le bateau supposée enlevée.

Fig. 4. Section transversale faite devant la porte du foyer de la chaudière.

Fig. 5. Élévation longitudinale de l'appareil à compression de l'air.

Fig. 6. Vue de bout.

Fig. 7. Section transversale.

Fig. 8. Section longitudinale.

L'installation se compose d'une machine à vapeur A, à deux cylindres oscillants du système Cavé, de la force de 25 chevaux, qui commande, à l'aide des engrenages 1 et 2, la bielle motrice T, à laquelle est attachée la tige *t* du piston de l'appareil à air comprimé.

La machine à air proprement dite D se compose d'un cylindre U et d'un piston plein P (fig. 8). Ce cylindre est surmonté d'un autre cylindre de plus petit diamètre V, servant de récipient à l'air comprimé qui sort du grand cylindre et se rend ensuite dans les conduites générales de distribution R. Sur ces conduites s'adaptent, au moyen de rotules en cuivre, de ligaments et de brides en fer, des tuyaux en toile caoutchouctée de 15 millimètres d'épaisseur.

Le cylindre principal U est fermé à chaque extrémité par un plateau *p*, mùni dans sa demi-surface inférieure de neuf clapets d'aspiration, s'ouvrant par conséquent du dehors en dedans, et dans sa demi-surface supérieure d'un pareil nombre de clapets de refoulement, manœuvrant en sens inverse, et qui ne peuvent s'ouvrir que lorsque l'air est arrivé sur le piston à une tension supérieure à celle de l'air comprimé contenu dans le récipient V.

L'emploi d'une série de petits clapets présente un avantage notable; ils prennent peu de place, tout en obturant des ouvertures suffisamment grandes, et sont d'une construction solide et peu compliquée. Ils se composent (fig. 6 et 7) d'une rosace à jour en bronze, ajustée dans l'épaisseur des plateaux du cylindre U; cette rosace sert de siége à une rondelle en caoutchouc formant clapet, et se trouve maintenue par un boulon, qui prend aussi une petite rosace de garde et permet de régler la pression de tout le système.

Afin de remédier à l'élévation de température produite par la compression de l'air, et par suite à sa dilatation, résultats qui auraient pour effet de réduire la production de la machine tout en amenant des inconvénients sérieux pour les hommes qui travaillent dans les caissons, on a entouré les cylindres U et V d'une bâche à eau froide, dont le contenu est constamment renouvelé par l'injection d'une pompe mise en mouvement par la machine. Les tuyaux pour la circulation de l'eau sont désignés en L sur les figures 5, 6 et 7.

La machine à vapeur fonctionnait à 5 atmosphères. Voici les données principales :

Diamètre de chaque cylindre. $0^m,27$

Surface. . . . .   551 cent. car.

Course du piston. . . . . . .   1 mètre.

Vitesse. . . . .   35 tours.

Le rapport de la roue 1 à la roue 2 qui commande la bielle du piston du cylindre à air étant de $\frac{1}{3,12}$, et la course du piston du cylindre à air de 1 mètre, il en résulte que la vitesse du piston de la machine à air est égale à

$$\frac{35 \times 1 \times 2}{3,12} = 22^m,40 \text{ par minute},$$

$$\text{et par seconde } \frac{22,40}{60} = 0^m,373.$$

Le cylindre à air ayant un diamètre de 67 centimètres, et sa section étant de 3524 centimètres carrés, en une heure le piston aura aspiré et comprimé un volume d'air atmosphérique égal à

$$0,3524 \times 60 \times 22^m,40 = 473^{m3},62.$$

Comme, en raison de la dilatation de l'air à l'aspiration, on ne peut compter que 75 pour 100 du produit théorique, on aura pour effet utile :

$$473^m,62 \times 0,75 = 355^{m3},21 \text{ par heure.}$$

Avec cette machine seule on a fourni tout l'air

nécessaire au fonçage d'une pile de 3 caissons, jusqu'à 18 mètres de profondeur; elle n'a été arrêtée
que par suite des réparations qu'a nécessitées la
machine à vapeur après un travail continu de
20 jours.

Quant au prix de revient de la machine, on
peut compter :

Machine à vapeur de 25 chevaux, accessoires, machine à air.............................	28,000 fr.
Bateau de 100 tonneaux et installation.........	5,000
Total....	33,000 fr.

TABLE